U0139970

員工問題之
診斷與處理

DIAGNOSIS AND TREATMENT
OF EMPLOYEE PROBLEMS

鄧東濱——編著

致讀者

親愛的讀者：

　　這本書旨在引介管理者應具備何種技能與心態，以從事員工問題之診斷與處理。我總共蒐集了六十五個較具代表性的員工問題個案。我將它們做了如是的編排：頭二十個個案均屬封閉式個案，後四十五個個案則屬開放式個案。在每一個封閉式個案之後，都列有幾種可用以處理員工問題之對策。透過這些對策之評估與比較，您可逐步地做出較佳對策的選擇。但是這類個案具有一個共同缺點：它們足以局限您的視野與思考領域，這也就是它們被稱為封閉式個案的原因。其次，開放式個案並不帶有處理問題的任何對策，因此您可海闊天空地從事問題之分析與研判，這對提升您的思考力、想像力與創造力大有幫助。不過，這類個案卻無法克服一個潛在的共同缺點：它們漫無邊際，很可能令您捉不住重

心。基於此，這類個案乃被稱為開放式個案。

　　不論是封閉式個案，抑或開放式個案，您在思索處理途徑時，不免產生一些疑惑，因此我刻意為每一個個案提供解析。但是我想在此虛心地提醒您：千萬不要將這些解析視同「標準答案」，因為我深信這些解析仍有商榷空間存在！

　　本書的六十五個員工個案中，大約有一半是來自英、美兩國出版的文獻。另一半是過去多年我在台灣斷斷續續地從事企業內訓練蒐集到的。台灣的員工個案主要是來自台灣水泥股份有限公司、中國鋼鐵股份有限公司、台灣松下電器股份有限公司，以及金寶電子工業股份有限公司。我想在此謹向這四家公司致謝。

　　由於「文章千古事，得失寸心知」，於是我請對處理員工問題具有豐富經驗的堂侄子耀勳及二女兒韻涵，幫我指出本書有待改進之瑕疵。還有，為了讓本書之說理更加生動，我請三女兒韻倫繪製漫畫。我謹在此向這三位親人致謝。

鄧東濱　敬致

2024 年 3 月 28 日

於淡水河畔之澹寧齋

目錄

● 第三章

員工問題之個案解析

第 一 章

員工問題之診斷與處理：
分析架構與流程圖

1-1

問題是什麼？
員工問題又是什麼？

　　廣義來說，「問題」係指「現狀」不如「理想」的那種狀態。現狀是客觀的事實，理想則是主觀的要求。現狀若不如理想，通常都會有些令人不樂見的跡象出現。對問題跡象之警覺與認知，是診斷與處理問題的第一步。

　　其次，為了研判隱藏在問題跡象背後的肇因，我們必須借重知識與經驗，從事相關資訊之蒐集與分析。掌握了問題的肇因後，我們進一步探索足以控制或消除問題肇因的各種可行的解決途徑，並選用其中的最佳途徑。最後，我們應適時評估該最佳解決途徑實施後之成果。倘若在評估成果後發現，問題之跡象已不復存在，則基本上可確認問題已獲解決。但若問題跡象依然存在，則表示在上述的解決問題過程中，可能有某一步或某幾步出錯。這樣，我們又得重新檢討整個處理過程，糾正缺失，直到問題跡象消失為止。茲將上

訴的診斷與處理問題之步驟，展示如底下之流程圖：

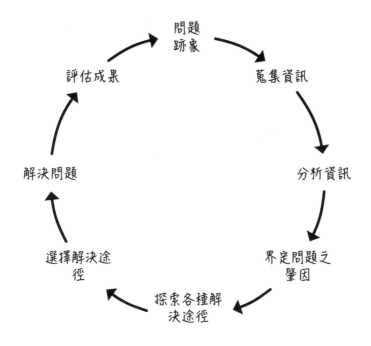

　　我們謹截取網路上一則報導之部分文字為例，來檢視診斷與處理問題之步驟。（該報導為高雄醫學大學附屬醫院眼科部黃敏祐主治醫師，2018年8月登載於《高醫醫訊》之文章。）

　　65歲陳女士，週末夜在家看完電視，準備就寢時發現左側眼睛流淚脹痛，本不以為意。沒想到一小時後開始頭痛想吐，連忙至急診就醫。醫師診治後判定是左眼

急性青光眼發作，給予降眼壓藥物處理後，症狀改善而離院。回診時，左眼接受雷射治療，幸運地停掉所有藥物而眼壓仍維持正常，視線也逐漸改善。然而在視野檢查後，醫師告訴陳女士說：「其實你右眼也有青光眼！最好雙眼都開始點降壓藥水，避免失明！」

　　黃主治醫師對陳女士眼疾之診斷與處理，基本上符合上一流程圖所展示之步驟。因此，這是一個妥善處理問題之實例。

　　儘管上一流程圖所展示的解決問題之步驟廣受認同，但卻有不少人在解決問題時，往往只顧及問題跡象，而不進一步探究導致該跡象的背後原因。茲以唐朝文人韋絢（公元840年前後在世）所撰〈鐘響磬鳴〉一文（收錄於《劉賓客嘉話錄》）為例說明之：

　　　洛陽一座寺院的僧房中有隻磬，不論白天或黑夜，無人敲擊，動不動就會自己發出聲響。僧人不但覺得怪異而且感到害怕，以至嚇出病來。他請了許多江湖術士，用盡種種辦法，試圖制止磬鳴，但都無濟於事。

　　　有位名叫曹紹夔的人，素來與僧人友好。他前來探視僧人的病情，僧人便把染病的原因告訴了他。不一會兒，寺裡正好敲擊齋鐘，磬又自己響了起來。曹紹夔笑著對僧人說：「請你明天擺下盛宴，我將前來為你制止

磬的自鳴！」

僧人雖然不相信曹紹夔的話，但還是姑且抱著一線希望，於是就盡力準備豐盛的宴席來款待他。

次日，曹紹夔吃完飯後，從懷裡掏出一把銼刀，將磬銼了幾處就離開。從此，這隻磬便不再自鳴了。

僧人查問磬不再自鳴的原因，曹紹夔說：「你的這隻磬與寺院的鐘頻率相同，所以敲那邊的鐘，即引起這邊磬的共鳴。」僧人聽了之後十分高興，病也隨之痊癒。（《劉賓客嘉話錄》）

洛陽那座寺院裡的僧人，以及僧人所請到的江湖術士，由於無知或欠缺訓練，只懂得對付問題跡象（磬鳴），而不懂得像曹紹夔那樣去探究導致該跡象背後之原因（鐘與磬頻率相同所引致之共振現象）。難怪他們會感到害怕，甚至嚇出病來！清除問題跡象，充其量只能治標（斬草）；消除導致問題跡象的背後原因，才能治本（除根）。

「員工問題」是芸芸眾多的「問題」中的一種。猶如任何其他問題那樣，員工問題可以被界定為員工的工作表現（現狀）無法滿足組織的要求（理想）的那種狀態。由於組織對員工之工作表現，只有設定最低之要求（亦即不能低於某個標準），因此一旦員工的工作表現無法滿足這個最低要求，我們可以據而認定員工問題已經發生。

1-2

員工問題之診斷與處理：分析架構

員工問題——亦即員工沒有做妥事情——所呈現的跡象，計有底下三種：

- 產量不及最低要求
- 品質（產品品質／服務品質／工作品質）不及最低要求
- 行為不及最低要求

以上三種跡象中的任何一種、任何兩種、甚或三種同時出現，均顯示員工問題已經發生。管理者在試圖解決員工問題之前，必須先探索該問題之根源。我們將藉著下圖這個分析架構來探索員工問題之根源。

在這個分析架構中，橫軸與縱軸分別用以衡量員工之工作意願及工作能力。橫軸的尺度超過5分表示工作意願高，

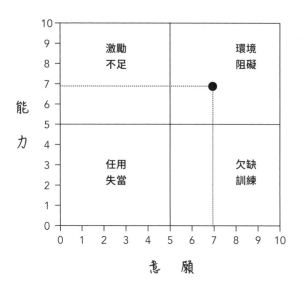

低過5分表示工作意願低；縱軸的尺度超過5分，表示工作能力強，低過5分表示工作能力弱。

設若某甲近期之產量低於組織所能接受之最低要求，為了解決某甲的問題，我們首先要研判他有沒有意願讓產量提升到組織所能接受的水準以上？研判「意願」固然有些困難而且頗具主觀性，但我們還是能設法予以克服。譬如我們根據與他共事期間的觀察、考績紀錄、周遭同事對他的評價，判定他具有頗高的意願讓產量提升到組織所能接受的水準以上，於是我們給他（比方說）7分的評價。其次，我們再研判，他有沒有能力讓產量提升到組織所能接受的水準以上？研判能力比研判意願容易得多，因為我們可依據他的學經

歷、擁有的專業證照以及接受過的訓練做出較客觀的論斷。假如經過斟酌，我們判定某甲具有頗強的能力讓產量提升到組織所能接受的水準以上，於是我們給他（比方說）也是7分的評價。

我們由以上之分析可以做出這樣的歸結：某甲不但有意願做妥事情，而且有能力做妥事情，但卻沒有做妥事情。其理由顯然是來自某甲本身無法抗拒的因素所造成。我們稱這類因素為「環境阻礙」（圖中右上方的象限）。因此，我們若想解決某甲的問題，只有協助他排除環境阻礙。

其次，假如我們判定某甲有意願做妥事情，卻無能力做妥事情，這顯然是導因於欠缺訓練所造成（圖中右下方的象限）。因此，我們若想解決某甲的問題，則要提供給他適切的訓練。

再其次，假如我們判定某甲有能力做妥事情，卻無意願做妥事情，這顯然是導因於激勵不足所造成（圖中左上方的象限）。因此，我們若想解決某甲的問題，則要提供給他適切的激勵。

最後，假如我們判定某甲既無意願做妥事情，亦無能力做妥事情，這顯然是導因於任用失當所造成（圖中左下方的象限）。因此，我們若想解決某甲的問題，則要從調整他的任用入手。

1-3

員工問題之診斷與處理：流程圖

　　上一節所引介的用以診斷與處理員工問題之分析架構，可進一步借助底下的流程圖[*]做更細緻的描述。在流程圖中，我們使用了三種符號：橢圓形符號代表問題之起點與終結；鑽石型符號代表問題之分析；長方形符號代表問題之解決方法。

一、察覺員工問題之後，怎麼辦？

　　觀察流程圖之上端可知，一旦你從產量、品質與行為不符要求等跡象，察覺員工問題之後，你的首要舉措在於研判

---

[*] 本流程圖原由美國學者 Robert F. Mager 與 Peter Pipe 所建構（參見 *Analyzing Performance Problems*, Second Edition, Pitman Learning, Inc., 1984.）其後，東海大學「企業講座」（陳勝年教授所創辦的企管培訓機構）的一位不知名學員，對該流程圖予以優化。本書所使用的流程圖，即是該不知名學員之貢獻。

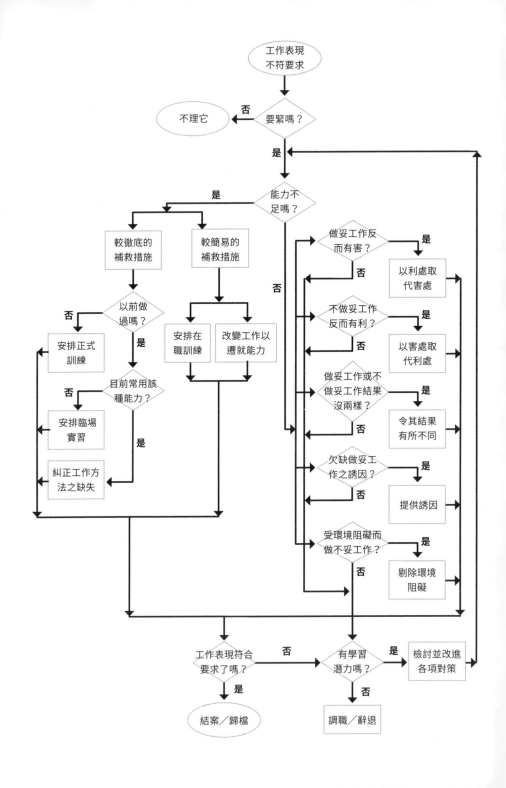

該問題是不是要緊。員工問題要緊與否，主要是取決於它對工作績效是否足以產生不利的影響。倘若員工問題只是短暫的失調現象，或其情節微不足道，則管理者寧可不予理會。但若員工問題足以長期妨礙工作績效之發揮，則管理者不但要設法探索其肇因，而且應進而採行補救措施。

二、探尋員工問題之肇因

　　員工工作表現之所以不符要求，可能是導因於能力不足，也可能是能力以外的因素所造成。但是，我們到底應如何分辨是能力不足還是能力以外的因素所造成的呢？一個確實可靠的分辨方法，便是設法答覆類似這樣的問題：「假如員工工作表現不符要求，則記他的過、解他的職、甚至要他的命！這樣待他，他的工作表現是否就能符合要求？」倘若答覆是「這樣待他，他的工作表現就能符合要求。」那麼這就表示他並非能力不足。但若記他的過、解他的職、或要他的命，都無法令他的工作表現符合要求，則這即表示他確實是能力不足。

三、能力不足之補救：較徹底的補救措施

　　能力係泛指員工目前所掌握的專業知識與專業技巧。假如我們經過研判，確信員工之工作表現不符要求是導因於能力不足，則必須追問他以前是否做過類似的工作。倘若答

覆是否定的，則表示員工從過去到現在一直都欠缺這種工作能力。在這種情況下，根本的補救措施在於為員工安排正式訓練。假如員工以前做過類似的工作，現在卻做不妥，則我們必須再進一步探察他目前是否常做該類工作。如果目前他不常做，則表示他對該類工作已因久不接觸而變得生疏。此時，最適切的補救途徑，在於為他提供臨場實習的機會。但若員工以前做過同類的工作，目前又常做，但卻偏偏做不妥，則表示員工的工作方法，由過去到現在一直都存有某些缺失。此時，根本的補救之道，在於糾正員工在工作方法上之缺失。

四、能力不足之補救：較簡易的補救措施

前文所提及的「正式訓練」、「臨場實習」及「糾正工作方法之缺失」等補救途徑，在實施上不但耗時費日，而且代價高昂，因此在考慮採行它們之前，我們最好能考慮較簡易的補救措施是否可行。有兩種較簡易的補救措施值得考慮：（1）改變工作內涵，以遷就員工之能力。例如，員工記不住繁雜的運作程序時，則提供給他標準操作手冊或核對表。又如某些員工做不妥現有的工作時，則根據各個員工之專長重新調整工作，使每位員工都能勝任調整後之工作；（2）實施在職訓練，讓員工能在現有的工作崗位上邊做邊學。

五、何以員工有能力做妥工作，但卻不願意做妥工作？

倘若員工工作表現不符要求是能力以外的因素所造成，則其中最主要的因素莫過於欠缺工作意願，亦即「非不能也，是不為也」。導致員工能為而不為的理由包括：（1）做妥工作反而有害；（2）不做妥工作反而有利；（3）做妥工作或不做妥工作，結果沒有兩樣；以及（4）欠缺做妥工作之誘因。我們將在下文中循序探討這四種理由，並分別指出其解決途徑。

六、做妥工作反而有害

令有能力做妥工作的人不願做妥工作的一個主要原因，便是做妥工作反而蒙受不利的後果。在一般機構內，這種情況比比皆是，茲舉例闡明之：

例一：有些員工因為工作能力強，工作意願高，結果在上司的「能者多勞」（勞是指勞苦，而非酬勞！）的觀念與陋習下，大大小小的工作無不降臨他們身上，終至令他們寧可做不妥工作，也不願過分吃虧。

例二：醫院病床旁邊，通常均設有電鈴，讓病人在必要時呼喚值班護理師。但有些病人卻寧可忍受痛苦而不願按鈴，因為有些護理師那副可憎的面孔令他們受不了。

例三：許多機構之安全單位雖然經常鼓勵人們檢舉不法分子，但檢舉者之身分卻無法被完全保密，致使人們無不視檢舉為畏途。

例四：政府提倡撙節開支運動。有些部門成效卓著，另些部門成效不彰。成效卓著的部門在年度終了時有了不少的節餘。這些節餘最後當然是繳回國庫。到了次一年度，善於撙節開支的部門之預算被刪減，結果造成政府各部門在會計年度接近終了時，紛紛設法「消化預算」！

值得注意的是，在「做妥工作反而有害」的各種事例中，所謂「有害」，完全是從員工的觀點與角度衡量，而不是從管理者的觀點與角度作判斷。譬如，有些管理者因為深信「天將降大任於斯人也，必先苦其心志，勞其筋骨，餓其體膚，空乏其身，行拂亂其所為」，所以將「能者多勞」視作一種關愛或是一種磨練。但是從員工這一方面看來，「能者多勞」是一種剝削或壓榨。因此不論管理者用心多苦，員工將不情願成為「多勞」的「能者」。

假如員工是基於「做妥工作反而有害」而不願做妥工作，則補救之道在於令員工覺得做妥工作之後能夠獲得利益。

七、不做妥工作反而有利

「不做妥工作反而有利」與「做妥工作反而有害」常常是相與俱來的。茲再列舉數例說明之：

例一：有些刻薄寡恩的管理者，常常對員工良好的工作表現視若無睹，但是對員工之缺失則明察秋毫。結果，員工遲早會被迫養成「多做多錯，少做少錯，不做不錯」之心理。

例二：一個為非作歹的黑道人物從監獄開釋後，儘管有心痛改前非，但卻得不到社會的諒解與接納。相反地，黑道中的朋友卻頻頻提供給他精神與物質之支援。結果，在不做妥反而有利的現實考慮下，他又重投黑道，繼續為非作歹。

例三：教學與研究本來是大學教師的兩項基本職務。但是，過去有些大學教師之升遷只以研究成果作為評鑑依據，而不考慮教學品質。在這種情況下，有志於升遷的教師將傾全力於研究，而無心教學。影響所及，該等教師之教學品質遂每況愈下。

例四：假如開會時間訂在上午九時正。有些與會者會提前或準時抵達會場，而另些與會者則遲到若干時間。倘若主席堅持等待遲到者到齊，才宣布開會，則在以後的會議

中，本來早到或準時到的人將開始遲到，而本來習慣於遲到的人，其遲到情況將愈趨嚴重。導致這種後果的原因非常簡單：早到或準時到達會場（做妥事）的人將浪費時間枯等（蒙受不利影響）；遲到（不做妥事）的人一到會場，會議馬上開始而無需等待（蒙受有利影響）。

假如員工是因為「不做妥工作反而有利」才不想做妥工作，則應該令不做妥工作的員工蒙受不利的後果。這才是解決之道。

八、做妥工作或不做妥工作，結果沒有兩樣

令有能力做妥工作的人不願做妥工作的另一個主要原因，便是做妥工作或不做妥工作結果沒有兩樣。茲舉例闡明之：

例一：有些主管經常抱怨，員工不準時上、下班或是做事草率。為了解員工何以會有這類壞習慣，我們必須自問：準時上、下班與做事認真的員工是否受到獎賞？不準時上、下班與做事草率的員工是否受到懲戒？假如答案是否定的，則我們很容易推知，問題的癥結在於：既然做妥工作或不做妥工作，結果沒有兩樣，則員工將貪圖方便而不做妥工作！

例二：某工廠購料部驗收人員在驗料時非常馬虎，他們

不但拒絕接納不合規格的材料（做妥工作），而且有時也拒絕接納合乎規格的材料（不做妥工作）。廠長親自調查這件事，結果發現：（1）材料供應商因怕得罪驗收人員，所以不敢將這件事情反映給他們的上司知道；（2）供應商把退回的材料擺在倉庫一段期間後，再交由驗收人員檢驗，遲早都可以過關。從這個發現可知：對驗收人員來說，做妥工作或不做妥工作，結果沒有兩樣，他們何苦非認真做妥工作不可！

例三：有位教授在上課，發現學生總是坐在後五排的座位而迴避前五排的座位。無論該教授如何催促，前五排的座位一直乏人問津。該教授遂心生一計，將前五排之座位加上軟墊及舒服之靠背，並將後五排的座位換上陳舊的桌椅，結果學生無不爭先恐後地搶前五排的座位！

總之，假如員工是因為「做妥工作或不做妥工作結果沒兩樣」才不願做妥工作，那麼管理者的解決方法為：讓員工覺得做妥工作或不做妥工作結果有所不同，亦即做妥工作將帶來益處，不做妥工作將帶來害處。

九、欠缺做妥工作之誘因

所謂誘因，廣義地說，係指激發一個人做妥事情所運用的手段。誘因可以區分為正面誘因與負面誘因兩類。正面誘

因是指能直接滿足員工各類需要的手段。譬如說，針對員工追求成長的需要，培訓計畫之實施便是一種正面誘因。再如就一位試圖改善經濟生活的員工來說，調薪、獎金與賺取外快機會之提供，便是一些有效的正面誘因。管理者必須確切掌握員工之需要，以便藉著正面誘因之提供，促使員工做妥事情。

其次，負面誘因是指能產生嚇阻作用，使員工不敢不做妥事情的那些手段。口頭警告、書面警告、記過、停職等是典型的負面誘因。管理者可藉著負面誘因之施加，以促使員工去做他們被期望做到的事，或是制止員工做出他們不被期望做出的事。

十、何以員工有能力又有意願做妥工作，但卻做不妥工作？

在一般組織裡，我們往往會發現，儘管員工有能力做妥工作，也有意願做妥工作，可是卻依然無法做妥工作。讓員工置身於這種困境的各種因素，可以概括地稱為環境阻礙。最常見的環境阻礙至少包括下列各端：

1. 訊息之阻礙：員工不曉得怎樣才算做妥工作，不曉得何時要做妥工作，甚至根本不曉得必須做妥工作。
2. 命令不統一所引發的阻礙：這是指員工必須同時聽從兩位以上的上司的不一致的要求，以致置身於無法做

妥工作之窘態。

3. 非正式組織所引發的阻礙：這是指員工因受小團體的行為規範所箝制，而無法做妥工作。

4. 員工因私人問題之困擾而無法關注工作機構裡的事。

5. 權力之阻礙：這是指上司所賦與的權力不足以令部屬完成工作。「有責無權」便是一種極度嚴重的權力阻礙。

6. 資源之阻礙：這是指欠缺完成任務所需之資源配備。例如在時間、人力、物力或財力過分精簡的配置下，員工往往無法按預期的要求做妥工作。

7. 實體工作環境之阻礙：這是指工作場所之溫度、濕度、通風、照明等太過惡劣，致使員工無法做妥工作。

假如員工沒有做妥工作是導因於環境之阻礙，則適切的解決之道在於幫助員工排除環境阻礙。

十一、藉「工業徒刑」解決任用失當問題

以上我們曾分別就能力不足、意願欠缺、以及環境阻礙等三個角度，探索員工工作表現不符要求之諸種肇因及解決途徑。倘若經過這一番努力，員工問題仍無法獲得解決，則我們必須切實辨認員工是否具有學習潛力。在此所謂學習潛力，即指改善工作表現之意願與能力。假如員工具有學習潛力，則表示我們對員工問題所採行的解決途徑並非適切有

效，此時我們應對該等解決途徑進行檢討與改進。但若員工欠缺學習潛力，則我們應按其情節之輕重而判以「工業徒刑」——包括架空、降職、要求提前退休、示意自動辭職、或解僱等措施——來解決當前任用失當問題。

第 二 章

管理者在處理員工問題時
所應具備之心態

IBM公司創辦人老托馬斯・約翰・華生（Thomas John Watson, Sr. 1874～1956）曾經豪氣萬丈地說：「就算你沒收我的工廠，燒毀我的建築物，但留給我員工，我將重建我的王國。」（You can confiscate the factories, burn the buildings, but leave me the employees and I'll rebuild my empire.）老華生是以雷霆萬鈞的措辭，來描述我們耳熟能詳的一句話：員工是任何組織最珍貴的資源。

假如員工是任何組織最珍貴的資源，那麼員工問題就應該得到最高度的重視。面對員工問題，管理者必須具備五種基本心態：（1）凡事先求諸己，後求諸人；（2）防患重於治亂；（3）受尊敬遠比受喜歡重要；（4）以同理心取代同情心；（5）接納知覺之差異。我們將循序闡釋這五種心態。

2-1

心態一：凡事先求諸己，後求諸人

就一般人的行為觀察，我們不難發現這麼一個普遍的現象：自己往往最看不清楚自己。換句話說，自己往往成為自己認知上的盲點。譬如說在家庭裡，有些問題兒童可能是問題父母所造成；在學校裡，有些問題學生可能是問題老師所造成；在企業裡，有些問題員工可能是問題主管所造成。可是令人深感遺憾的是，這些居上位的問題父母、問題老師與問題主管卻搞不清楚，他們本身可能是問題的根源。這就應驗了「瓶頸總是位於瓶的上端」、「樹木從頂端開始枯死」這兩句發人深省的警語！

目不見睫

楚莊王想要攻打越國，杜子勸說道：「君王為什麼要攻打越國？」

楚莊王答覆說：「越國的政局動亂，軍隊衰弱。」

杜子說：「為臣的我對這件事非常擔心。人的聰明才智猶如眼睛那樣，能夠看到百步以外的東西，卻看不見自己的眼睫毛。君王的軍隊自從敗給秦、晉兩國後，喪失了土地數百里，這表示軍隊已衰弱；莊蹻在國內稱寇，官府還沒逮捕到他，這表示政局已動亂。君王的兵弱政亂程度不在越國之下，而您卻仍想攻打越國，這種聰明才智就如同人的眼睛那樣。」

楚莊王聽了杜子的勸說，於是放棄了攻打越國的打算。(《韓非子》)

杜子以目不見睫的比喻，點明了楚莊王在認知上的盲點，楚莊王也有足夠的雅量察納杜子的諫言，從而迴避了一場可能的災難。

三鏡自照

唐太宗臨朝問政的時候，曾經對身邊的群臣說：「以銅為鏡，可以正衣冠；以古為鏡，可以知興替；以人為鏡，可以明得失。我經常保有這三面鏡子，以防止自己犯錯。」(《全唐文紀事》)

唐太宗經常保有「銅」、「古」、「人」等三面鏡子，以防止自己犯錯。這即是說，他是以「先求諸己，後求諸人」的態度處理國政。當今的管理者也應該效法唐太宗的態度處理員工問題。

　　「以人為鏡，可以明得失」這句箴言，更具體地說，是要以別人曾經觸犯的過錯來警惕自己，避免重蹈覆轍。

　　底下的量表是管理學者 Edward Roseman 所設計的。量表中的四十個言述，用以描述過往的管理者在面對員工時曾經觸犯的四十種錯誤。這個量表除了提供你前車之鑑，進一步可用以診斷你到底是不是一位問題主管。

　　請你在每一個言述右方的五個分數中，圈選一個最適合你真實情況的分數。例如就第一個言述（你對少數部屬特別偏寵或特別冷落）來說，假如你總是如此，則圈 5 分；假如你時時如此，則圈 4 分；假如你偶然如此，則圈 3 分；假如你極少如此，則圈 2 分；假如你從未如此，則圈 1 分。

你是問題主管嗎＊？

	總是	時時	偶然	極少	從未
1. 你對少數部屬特別偏寵（或特別冷落）。	5	4	3	2	1
2. 你不願為部屬力爭權益。	5	4	3	2	1
3. 當你下達命令之際，你期待這些命令會毫無疑問地被貫徹。	5	4	3	2	1
4. 你不願制定你認為正確但卻不受歡迎的決策。	5	4	3	2	1
5. 你不按部屬的學習速度而施以訓練。	5	4	3	2	1
6. 你並不針對部屬目前的工作以及他們未來的升遷而施以訓練。	5	4	3	2	1
7. 你並不鼓勵部屬自求進步。	5	4	3	2	1
8. 你以言詞或行為暗指部屬偷懶或愚蠢。	5	4	3	2	1
9. 當部屬主動做某些事時，你並不允許他們在某一程度內犯錯。	5	4	3	2	1
10. 你在從事部門的工作規劃時，你並不讓部屬參與其中。	5	4	3	2	1
11. 你並不試圖令你的部屬也變得消息靈通。	5	4	3	2	1
12. 在下達命令之際，你並不發問，以便確認承受命令者對你的意思是否已經了解。	5	4	3	2	1
13. 聆聽部屬講話時，你並不試著去了解他們的觀點。	5	4	3	2	1

	總是	時時	偶然	極少	從未
14. 你並不鼓勵部屬對你提供意見。	5	4	3	2	1
15. 由於你假設部屬知道某些事,以致你與部屬之間產生誤解。	5	4	3	2	1
16. 你主持的會議不具高度的訊息傳遞功能,也不具高度的成效。	5	4	3	2	1
17. 你的書面溝通並不被充分理解。	5	4	3	2	1
18. 你並不表現出:對自己的部屬感到興趣。	5	4	3	2	1
19. 你對部屬的良好工作表現,並不立即給與不折不扣的讚賞。	5	4	3	2	1
20. 你對部屬下達命令時,並不將部屬的私人利益也列入考慮。	5	4	3	2	1
21. 你的部屬並不知道他們在你心目中之地位。	5	4	3	2	1
22. 你的部屬不敢向你吐露冤情。	5	4	3	2	1
23. 你並不讓部屬了解,他們的工作的質與量不符要求的地方,以及不符要求的原因。	5	4	3	2	1
24. 你難以做到批評員工時可以不傷到他們的自尊。	5	4	3	2	1
25. 你對下達的命令、擬定的計劃、以及制定的決策,並不定期進行追蹤。	5	4	3	2	1
26. 你在用人的時候,所考慮的是自己的好惡,而非部屬的資格。	5	4	3	2	1
27. 在做決策之前,你並不比較所有正、反兩面的論點。	5	4	3	2	1

	總是	時時	偶然	極少	從未
28. 在解僱員工時，你並不小心兼完整地將整個事件列入書面記錄。	5	4	3	2	1
29. 你不願意向你的部屬承認自己的錯誤。	5	4	3	2	1
30. 你對部屬的督導過度嚴謹。	5	4	3	2	1
31. 你對部屬的督導過度寬鬆。	5	4	3	2	1
32. 你對待部屬有如對待次等公民那樣。	5	4	3	2	1
33. 你對不做事的部屬在解僱前過分地姑息。	5	4	3	2	1
34. 考核部屬之際，你只顧及他們的工作成效，而不考慮其他因素。	5	4	3	2	1
35. 你並不幫助部屬做妥時間管理。	5	4	3	2	1
36. 你對年長資深的員工並不提供訓練及發展機會。	5	4	3	2	1
37. 你並不與部屬建立互信。	5	4	3	2	1
38. 你實施「窺探式督導」——亦即過問部屬的私事。	5	4	3	2	1
39. 你並不快速地兼公平地處理部屬的冤情。	5	4	3	2	1
40. 你向某一部屬述說另一部屬的閒話。	5	4	3	2	1

★ 本評估表取自 Edward Roseman, *Managing the Problem Employee*, AMACOM, 1982, PP. 20～22.

請計算以上四十個言述的總分，然後再參照量表設計者 Edward Roseman 的下列評鑑標準，看看你在目前是不是一位問題主管：

總分≦100→大概不是問題主管

100＜總分≦150→不甚嚴重的問題主管

總分＞150→極其嚴重的問題主管

上一量表中，得分較高（5分或4分）的那些言述，是你面對員工時所觸犯的較嚴重的錯誤，希望你務必要設法改進。

2-2

心態二：防患重於治亂

　　根據管理者處理員工問題的方式，我們可以將管理者區分為四個等級：問題迴避者、問題解決者、問題預防者以及機會探尋者。

一、問題迴避者

　　這是等而下之的管理者。這種管理者雖在其位，卻不謀其政。即使員工問題已露端倪，甚至已昭彰在目，他們仍然視若無睹，充耳不聞。他們的心態與作為無異於鴕鳥。嚴格說來，這種人是企業的「盲腸」，甚至是企業的「殺手」。

二、問題解決者

　　許多人以為，能夠解決企業經營過程中各種問題的管理者，即是優秀的管理者。這種見解是亟待商榷的。一個以解

決問題為己任的管理者，其實是後知後覺的，因為他的作為只限於消極地應付問題之發生！

問題之解決基本上有兩種方式：以反應（Reaction）解決問題以及以回應（Response）解決問題。所謂反應，即指按習以為常的方式來處理已經發生的問題；所謂回應，則指按問題發生當下的真實情境採取處理途徑。以乘坐電梯為例，有些人在電梯停止時即刻走出電梯，結果往往發現尚未到達自己想要前往的樓層。這一種人採行的動作即是反應。另外，有些人在電梯停止後，先看清楚是否已到達自己想要前往的樓層，然後再決定是否走出電梯。這一種人採行的動作，即是回應。反應是半睡半醒，甚至是昏睡狀態下的動作；回應則是清醒狀態下的動作。以反應解決問題的管理者，往往是解決問題不足，但卻創造問題有餘。原因是：在過往情境中有助於解決問題的經驗，未必適用於當前情境中的問題解決。因此，任何問題之處理，必須著眼於問題發生時的當下情境，而不宜只憑藉過往處理類似問題之經驗。換句話說，以回應解決問題的管理者要比以反應解決問題的管理者更加卓越。

三、問題預防者

這種管理者之價值取向是擺在「未來」，而非擺在「現在」與「過去」。他們深悉「防患於未然之前，勝於治亂於

已成之後」的道理。他們的視野廣闊，對事情的考慮周詳。他們有所為，也有所不為。他們在採取任何一種行動之前，必先預作規劃，將可能遭遇的問題納入規劃之中，以削減阻力，甚至令其消弭於無形。無疑地，他們能為置身於驚濤駭浪中的企業提供相當的穩定力，因此他們對企業的貢獻顯然要大於問題解決者。

曲突徙薪

有位客人到某人家裡，看見主人家灶上的煙囪是直的，旁邊又堆著很多柴。客人告訴主人，煙囪要改曲，旁邊的柴堆要移去，否則將來可能會有火災為患。主人聽了默不作聲。

不久，主人家果然失火，四鄰的人跑來救火，幸運的是火被撲滅了。主人於是殺牛備酒，請四鄰的人來吃，以酬謝他們救火的功勞。燒得皮肉焦爛的人功勞最大，請上座，其餘的人也按功勞大小，順序入座，卻沒有請最初建議他將煙囪改曲的人。

有人對主人說：「當初如果聽了那位先生的話，今天也不會破費殺牛備酒，因為根本就不會有火災。現在論功請客，原先建議你煙囪改曲並移去柴堆的人沒有被感恩，而焦頭爛額的救火者卻成了座上客，這是什麼道理啊？」

主人聽了之後，頓時覺悟過來，於是請那位建議煙囪改曲，移去柴堆的客人前來吃酒。(《漢書》)

就上一則預言「曲突徙薪」作比喻，主人家失火，倘若有些鄰人居然袖手旁觀，這樣的鄰人即是問題迴避者。寓言中參與救火的鄰人，即是問題解決者。寓言中建議煙囪改曲，移去柴堆的客人，即是問題預防者。

四、機會探尋者

置身於當前這一個不規則的、反覆無常的動盪時代裡，管理者除了要確保企業的生存，更重要的是能夠把握機會以突破現狀。有此種能耐的管理者被稱為機會探尋者。機會探尋者是企業的瑰寶。何以機會探尋者是企業的瑰寶？茲說明如下：

毋庸置疑地，企業的經營成果是來自企業體之外，而非來自企業體之內。假如企業追求的目標是利潤，那麼我們直截了當地說，利潤是來自企業體之外，企業體內部不可能產生利潤！至於企業體內部之運作，可以概括為：(1)從事各種努力(諸如研發、設計、製造、資金調度、人力配置、行銷、銷售、品管……)；(2)由於從事各種努力，因而承擔各種成本；(3)由於承擔各種成本，因而要面對各種問題。

任何問題之發生，都會讓企業經營偏離常態，問題之解

決則足以讓企業經營恢復常態。因此，解決問題其實就是恢復常態（Restoring normality）。至於問題之預防，則在於避免企業之經營偏離常態。因此，預防問題其實就是維持常態（Maintaining normality）。

問題之解決與問題之預防，最多只能避免既有的經營成果被腐蝕掉，它們無助於提升經營成果。因此，有志提升經營成果的管理者不應只聚焦於問題之處理，而應在處理問題之餘，進一步聚焦於機會之開發。事實上，在開發機會過程中，許多棘手的問題可能迎刃而解，甚至變得無關緊要。

茲舉一例說明，何以在開發機會過程中，許多棘手的問題可能迎刃而解，甚至變得無關緊要。1960 年代初期，台灣的觀光事業剛剛萌芽。有一旅遊公司接到一筆大訂單：某一天要發兩部車載客環島旅行。在臨出發前一天，兩位司機向老闆表達辭意（辭職是假的，想藉機加薪才是真的）。在這種情況下，一般的老闆通常都可能作些許的讓步，以換取次日能順利發車。這種老闆即是問題解決者。另外，有些老闆擅長談判，不但讓這些司機 在次日順利發車，甚至讓這些司機在未來一段相當長的時間不會再有類似的要求。這種老闆即是問題預防者。但是我們這個實例中的老闆卻不同於前兩者。他在兩位司機表達辭意時並沒有加以慰留。反而，他立即向同業求救。令人有些意外的是，同業紛紛伸出援手，讓他次日發車的棘手問題獲得解決。不僅如此，同業都意識到

這類問題是每家旅遊公司都可能遭遇的。於是同業間發展出一種互助合作的機制——有點像今天的策略聯盟（Strategic Alliance）那樣——這使得棘手的問題變得無關緊要！這個案例中的老闆即是機會探尋者。

機會探尋者之所以被視為企業之瑰寶，是在於他們不會光是安於現狀或滿於現狀。尤其是在面對困難的問題時，他們會試著超越現狀——亦即把時間拉長、把空間放大、把層次提高——來探尋新的機會以突破困境。「探尋新機會」即是「發展」。管理學界與管理實務界對「發展是脫困的最佳途徑」的這一個經驗法則，向來都有高度的認同。

總結來說，一位卓越的管理者不會僅滿足於問題之解決與問題之預防，他還會聚焦於機會之開發！

心態三：受尊敬遠比受喜歡重要

　　許多管理者之所以無法施展其影響力，原因之一恐怕是因為他們不願意支付充當主管的代價——甘於寂寞——而起。當一個人在組織的階梯上爬得愈高，勢必感到愈孤單，因為與他同一階層的同僚人數，將隨著他的職位之升高而遞減。不僅如此，當他的職位愈高，他的言行舉止愈受注視，因此愈不敢輕舉妄動，這無形中增加了他的孤寂感。在這種情況下，他很可能會因發思古之幽情——即懷念在較低職位上那段日子裡與其他同事水乳交融的情境——而主動設法親近部屬，以便與他們打成一片。儘管這種因不甘寂寞而呼朋引伴的舉措屬人情之常，但遺憾的是，它極可能會促使部屬將他當作平起平坐的人看待，因而喪失部屬對他的尊敬！底下的三則寓言，有助於闡釋這個道理：

白龍上訴

　　吳王想與老百姓一起去喝酒。

　　伍子胥勸阻道：「不可以。以前白龍游入清爽寒冷的深水底處，變成一條魚，被漁夫豫且射中了牠的眼睛。白龍便跑到天帝那邊去告狀。天帝問：「在那個時候，你是怎樣顯示出你的形體呢？」白龍的答覆是：「我游到清爽寒冷的深水底處，變成一條魚。」天帝說：「魚本來就是要被人捕殺的，如果是這樣，那麼豫且又有何罪呢？」那白龍，本是天帝所養的寵物，而豫且則是宋國卑賤的漁夫。白龍若不變做魚，豫且就不敢捕殺牠。現在您想拋棄國君之位而與老百姓一起喝酒，我擔心您會遭遇白龍那樣的禍患！」

　　吳王聽了這一段話之後，便不再與老百姓一起喝酒了！（《說苑》）

　　試想：好好的一條白龍，自己選擇變成魚而被捕殺，這是沒有什麼好抱怨的。一國之君想要親近老百姓，一旦他被當成老百姓看待，他的威望可能因而蕩然無存，這是怪不得別人的。

　　《伊索寓言》裡有一則警惕人類的話說得好：「熟悉滋生輕視」（Familiarity breeds contempt.）。當主管太過親近部屬的時候，總不免東拉西扯、言不及義地談論與工作無關的事

物。他對這些事物所抱持的看法，往往不及他對工作所抱持的看法那樣具洞察力或說服力。一旦他對工作以外的事物的無知或偏見，暴露在部屬面前，他難免會受到部屬所輕視。這種輕視將進一步被部屬以偏概全地推廣到他深具權威性的工作指示與決策制定上，最後可能會令他的領導力因而斷送。

西閭過東渡河

西閭過要渡河到東方去，船航行到河中間的時候，他掉進水裡，差點淹死。船夫把他從水中救上來，問他：「先生要上哪兒去？」

西閭過說：「我要到東方去遊說諸侯國的君王們。」

船夫禁不住捂住嘴失聲笑道：「你渡河到半途，掉進水裡，差點淹死。自己都救不了自己，又豈能去遊說諸侯國的君王呢？」

西閭過說：「請不要以你擅長的事物來傷害別人。你難道沒有聽說過和氏璧嗎？這塊寶玉價值連城，但是拿它來做織布的梭子，卻不如磚瓦那麼管用；隨侯珠是國家的珍寶，但是用它來做彈丸，卻不如泥做的彈丸那樣好使；著名的良馬騄駬，拉車載物奔跑，一天能行千里之遠，這是最快的速度了，但是叫牠去捉老鼠，卻不如只值百錢的野貓；干將莫邪是天下的名劍，砍在鐘

上，鐘不會錚錚響，用它來切東西，毫無感覺，揮舞起來，不論是斬金、斷羽或削鐵，都犀利無比，但是用它來修補鞋子，卻不如兩文錢的錐子那樣得心應手。如今你操著船槳，駕著小船，整天生活在寬廣的江河中，經歷洶湧的波濤及湍急的水流，這恰好是你所擅長的本領罷了。如果真的讓你去遊說東方諸侯國的君王，面謁一國的君王，你那曚昧無知的樣子，就跟還沒睜開眼睛的小狗沒有兩樣！」(《說苑》)

黔之驢

　　黔州這一帶地方，本來沒有驢子。有一位好事的人，用船將驢子載到黔州去。但是驢子運到之後，卻無用處，便將牠放置山下。老虎看見牠是龐然大物，以為是神，因此便躲在樹林裡向牠偷看。過了一些時候，老虎便稍稍接近牠，只見牠具有謹慎嚴肅的形象，但卻無法了解牠到底是什麼東西。

　　有一天，驢子大叫一聲，老虎驚慌地往遠方逃去，以為牠要吃掉自己，因此心裡極度害怕。然而，老虎在驢子周圍來來往往觀察的次數多了，覺得牠並沒有什麼特殊技能，而且對牠的叫聲也愈來愈習慣了。於是，老虎又在驢子的前後進出多次，但始終不敢和牠搏鬥。後來，老虎更加靠近驢子並戲弄牠，甚至觸犯牠。驢子非

常憤怒，遂用腳踢老虎。老虎大喜，暗想：「驢子的本領也不過如此！」遂跳過去咬斷驢子的咽喉，吃完牠的肉，才揚長而去。

　　唉！驢子形體龐大，像是有充實的內涵似的；聲音宏亮，像是有很高超的技能似的。倘若牠向來都不展現其技能，則老虎雖然兇猛，也會疑惑畏懼，終究不敢攻擊牠。現在驢子落到這樣的下場，實在令人感到悲痛！（《柳河東集》）

　　西閭過只是暴露了不善游泳的弱點，居然被船夫誇張地認定他欠缺遊說諸侯的能力！黔州的驢子只是因為不知保留，過度暴露自己的弱點，以致招來殺身之禍！這些寓言所刻畫的是與人保持距離的重要性。

　　你有沒有思考過這一類的問題：為什麼在部隊裡，軍官的俱樂部要與士兵的俱樂部分開？為什麼在學校裡，教職員的餐廳要與學生的餐廳分開？難道這只是為了標示階級的差異？相信問題不會這麼簡單，因為軍官與士兵或教職員與學生，在職銜、稱謂、權利、義務、服飾以及行為規範上的不同，已足以標示階級的差異。軍官與士兵之間，以及教職員與學生之間，在空間上的實體距離，恐怕是為了避免他們在工作範圍以外的地方過度接觸，以維護軍官與教職員的領導力。

由以上之說明可進一步推知：主管應在「受部屬喜歡」與「受部屬尊敬」之間作出抉擇。當然，能同時受部屬喜歡以及受部屬尊敬，是最理想不過的。但是「受喜歡」與「受尊敬」往往無法兼得，因此為了維護領導力，主管所優先選擇的，應該是受部屬的尊敬而非受部屬的喜歡。事實上，有不少經驗性研究發現，受到部屬高度尊敬的主管群裡，只有極少數的主管能同時獲得部屬的喜歡。

我們切莫以為受尊敬的主管是冷漠的、疏離的、甚至是高不可攀的。一位真正受尊敬的主管必須有能力在「親近」與「疏離」之間找出一個均衡點。他與部屬之間，必須親近到令他足以了解他們的作為與他們的想法；但他與部屬之間，又必須疏離到令他們不敢目無尊長。

劉向在《說苑》一書中曾引用曾子的話說：「狎甚，則相簡也；莊甚，則不親。是故君子之狎足以交歡，莊足以成禮而已。」（語譯：太過親暱就會相互簡慢，太過莊重又不能與人親近。所以君子與人交往，會親暱到彼此覺得愉悅，並且會莊重到符合禮儀的要求。）曾子的說法即是下圖所展示的「親近」與「疏離」的均衡點：

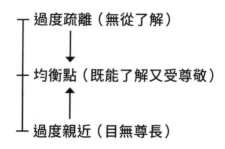

過度疏離（無從了解）

↓

均衡點（既能了解又受尊敬）

↑

過度親近（目無尊長）

　　最後，我們必須承認，對那些剛剛在原單位內被提升為主管的人來說，想在「親近」與「疏離」之間找到均衡點，並不是一件容易的事。這是因為他與原單位之其他員工，在旦夕之間已由平起平坐的同僚關係轉變為上司與部屬之關係。只要他想發揮主管的領導力，則他必須採取步驟，以有計劃的、不著痕跡的方式，逐漸與舊同僚進行疏離。

2-4

心態四：以同理心取代同情心

　　主管對待部屬的態度雖然種類諸多，但它們大體上都可納入「冷漠感」（Apathy）與「同情心」（Sympathy）的兩個極端之間。

　　一個冷漠的主管除了公事之需，通常皆儘量避免與部屬進行溝通。這種主管並不一定對部屬懷有偏見或歧視心理。但有一點可以確定的是，他們對部屬本身是疏離的、麻木的、提不起興趣的。導致主管對部屬採取高度冷漠態度的原因非常之多，其中較常見的是：過分強調隱私權之維護；過分的自我中心；過分熱衷於權勢、地位、金錢或效率之追求。當然，我們並不認為冷漠是一種絕對要不得的態度。事實上，在當今這個人際接觸頻仍、訊息溝通瞬間即無遠弗屆的時代裡，一個人若不養成某一程度的冷漠，他將難以生存下去。面對大眾傳播媒體或小眾溝通管道，不斷地傳達死亡、災難、病痛等不幸事

件，你若不抱持某一程度的冷漠，勢將惶惶不可終日！只是，身為主管，你若對部屬過分冷漠，則必定會打擊士氣，並進一步導致部屬工作績效之低落。

另一個極端的管理者，則對部屬抱持同情態度。「同情心」是一種「人溺己溺，人飢己飢」的胸懷，它向來被視為一種高貴的情操。不過，從管理的角度來看，實事求是地說：「同情心」並不足為訓，因為它有兩種潛在的缺失。第一，由於同情，主管會因認同部屬的感受與見解而失去自我，甚至斷送其洞察力與領導力。具高度同情心的父母常常寵壞自己的子女，具高度同情心的主管又何嘗不是時時寵壞自己的部屬呢？第二，主管對員工之同情，有可能被解讀為對員工的憐憫或施捨，甚至被進一步解讀為刺傷員工自尊的優越感之展現。這樣的解讀顯然不利於健康的工作關係之維護。

主管對待部屬的態度，最好是保持介乎冷漠感與同情心之間的同理心（Empathy）。所謂同理心，係指站穩自己的立場，而由他人之觀點與角度去看事物。同理心與同情心不同。同理心只涉及對他人之見解與感受之尊重而不認同，故無情感投入；同情心則涉及與被同情對象具有同樣感受，故含情感投入。在同理心的態度下，主管能夠了解部屬之感受，但這種感受並不進而支配或影響自身之感受。醫生通常都能深切地了解病人的感受與需要，但他若想為病人開出有效的處方，則不應有情感之投入。同樣道理，主管若想解決

部屬之問題，也應該以同理心取代同情心。

```
┌─ 冷漠感（Apathy）
├─ 同理心（Empathy）
└─ 同情心（Sympathy）
```

楊布打狗

　　楊朱的弟弟名叫楊布。有一次，楊布穿白衣服外出，後來因為下雨，所以改穿黑衣服回家。家裡的狗不明就裡，見到他就迎面吠叫。楊布很生氣，想要打狗。

　　楊朱說：「你不要打狗，假如換成你，你也會如此。比如說，這條狗出門時是白色的，而回來時卻變成黑色的，難道你不會覺得怪異嗎？」(《列子》)

上一則寓言中，楊朱對楊布說的話，其實是提醒楊布要以同理心來看待家裡的狗。

2-5

心態五：接納知覺之差異

　　所謂知覺（Perception），係指每一個人對事物的看法。人們通常並不根據事物本身存在的客觀事實來解釋事物，而是根據事物在他們心目中的主觀形象來解釋事物。這即是說，人們總是帶有色眼鏡看事物。譬如說，玻璃杯裡有半杯的水存在。有的人會慶幸地指出「好在還有半杯水！」有的人會遺憾地指出「糟糕！只剩半杯水！」再如一項需要加班的工作，對某些員工來說，它是一種休閒時間的剝削；但是對另一些員工而言，它卻是賺取外快的大好機會。

　　在講求和諧關係的現實環境裡，倘若每一個人都能認知並接納「人與人之間本來就存有知覺差異」，甚至「同一個人在不同的時間可能存有知覺差異」的這個事實，則許許多多的誤解、曲解、甚至偏見將可望大大地削減！底下五則歷史故事，可以為知覺差異提供詮釋：

孔子困陳、蔡

　　孔子被困在陳國與蔡國之間，只能靠吃野菜度日，整整有七天沒有嚐過糧米。

　　孔子白天睡覺。弟子顏回外出討米回來燒火煮飯。飯煮到快熟的時候，孔子看見顏回抓取鍋子裡的飯吃。沒多久，飯煮熟了，顏回謁見孔子並獻上飯食，孔子假裝沒看見顏回抓飯吃。

　　孔子起身對顏回說：「今天我夢見先君。因此，請你把飯食弄乾淨之後去祭祀先君。」

　　顏回答覆說：「不行。剛才煙塵掉進鍋裡。倘若丟棄沾了煙塵的食物則不吉利，於是我把它抓出來吃掉了。」

　　孔子嘆息著說：「我們所相信的是眼睛，但是眼睛看到的還是不可以相信，我們所依靠的是心，但是心所揣度的還是不足以依靠！」(《呂氏春秋》)

　　顏回抓飯吃是一種客觀存在的事實。在顏回的知覺裡，他之所以有這樣的動作，一方面可能是為了避免煙塵弄髒飯食，另一方面則可能是為了迴避丟棄食物所導致的不吉利。換句話說，他這麼做或許就是解決兩種困境的權宜措施。但是在孔子的知覺裡，他卻認為顏回做了不應該做的事——無禮且不雅地隨意抓取鍋子的飯吃。難怪孔子會因為錯怪顏回

而慨嘆：想了解一個人，光憑自己眼睛的觀察與自己內心的揣度仍然不夠！

兩小兒辯日

某次，孔子向東遊覽，看見兩個小孩子在爭論。孔子問他們爭論的原因。一個小孩說：「我認為太陽剛升起時離人近，而到中午時離人遠。」另一個小孩則認為太陽剛升起時離人遠，而到中午時離人近。

一個小孩說：「太陽剛升起時，大得像車蓋；等到中午，則像個盤盂。一種東西難道不是因位於遠處而顯得渺小，因位於近處而顯得龐大嗎？」

另一個小孩則辯稱：「太陽剛升起時，我們覺得有些寒冷；等到中午，我們則覺得有如煮開的湯那麼炎熱。一種東西難道不是因位於近處而令人感到熱，因位於遠處而令人感到涼嗎？」

孔子面對這個問題，無法做出論斷。兩個小孩則笑著說：「誰說您是個有學問的人呢？」(《列子》)

處於爭論狀態中的一個孩子，根據體積或面積的大小來判斷太陽的遠近，另一個孩子則根據溫度的高低來判斷太陽的遠近。這種知覺上的差異，其實是源自觀點與角度之不同。

宓子賤論過

宓子賤的一位客人介紹他的朋友來見宓子賤。那人走後，宓子賤說：「你的朋友有三處不對的地方：看見我就笑，是輕浮，不嚴肅；與我交談時不稱他老師的名號，是背叛他的老師；與我初次見面卻無所不談，是不懂禮貌。」

客人說：「他看見你就笑，是正直坦然的表現；談話不稱自己老師的名號，是師生交往融洽且無門戶之見；初次見面就無所不談，是忠厚老實的表現。」

這個人的言談舉止只有一樣，但是有的人認為他是品行高尚的君子，有的人卻認為他是品行低劣的小人，這是因為每個人看法不同所致(《淮南子》)

宓子賤與他的客人，對前來見面的第三者之言談舉止之所以有南轅北轍的知覺差異，想必是來自價值觀之不同。

太陽與長安孰遠？

明帝只有幾歲的時候，坐在元帝的膝蓋上。當時恰巧有人從長安來，元帝就問來人有關洛陽的消息，不禁掉下眼淚。

明帝問他為何哭泣，元帝對他說因為流亡東渡的關係。

元帝接著問明帝：「你以為長安比較遠還是太陽比較遠？」

明帝答說：「太陽比較遠。從來沒聽說有人從太陽那裡來，這就是明顯的道理。」元帝對明帝的這番答覆感到驚奇。

第二天，元帝將群臣集合在一起開宴會，向群臣告知讓他感到驚奇的那一件事，並再度問明帝，到底長安遠還是太陽遠。此時明帝卻答說：「太陽比較近。」

元帝臉色大變說：「為什麼你今天講的話跟昨天講的話不同呢？」

明帝的答覆是：「因為張開眼睛可以看見太陽，但卻無法看見長安啊！」(《世說新語》)

明帝在某一天說太陽比長安遠，次一天卻說太陽比長安近。乍聽之下，不免令人覺得他的說法反覆無常。可是，仔細思考後，我們不難發現，這是明帝本身知覺差異所造成。前一天，他是根據「聽說有人從長安來，可是從來沒有聽說有人從太陽來」的知覺，而做出太陽比長安遠的論斷；後一天，他則是根據「張開眼睛可以看見太陽，卻無法看見長安」的知覺，而做出太陽比長安近的論斷。

色衰愛弛

從前，彌子瑕很受衛靈公寵愛。(註：他們倆是同性戀者)按照衛國的法律規定：「凡是未經許可而私自駕駛國君座車的人，一律判處斷腳之刑。」某次，彌子瑕的母親生了病，有人在夜晚告訴他。此時他沒徵得衛靈公之同意，私自駕著衛靈公的車子去探望母親。

衛靈公知道了這件事之後卻讚美他：「他真是個孝子。為了母親，竟連斷足的罪都置之不顧！」

又有一次，彌子瑕陪伴衛靈公到果園遊玩。他吃了個桃，覺得味道甜美，並把還未吃完的半個桃拿給衛靈公品嚐。

衛靈公說：「彌子瑕太愛寡人了，犧牲了口福，竟留了半個桃給寡人吃！」

到後來，彌子瑕年老色衰，因事得罪了衛靈公。衛靈公說：「這個彌子瑕以前曾私自擅駕我的車，又曾拿吃剩的半顆桃子給我吃，極不尊敬！」

彌子瑕對衛靈公的行為始終如一。但他以前受到讚賞，以後又被怪罪，其原因皆來自衛靈公從「寵愛」到「憎恨」之變化。(《韓非子》)

衛靈公在寵愛彌子瑕的那段日子裡，將彌子瑕擅自駕車探視母病的行為，看作冒險盡孝道，並將彌子瑕獻上吃剩半

個桃子的這種行為，視作犧牲口福，展現愛心。但在衛靈公討厭彌子瑕的日子裡，衛靈公卻將彌子瑕過往的兩種作為，視同對自己不敬！這是衛靈公在不同時日之知覺差異。

第 三 章

員工問題之個案解析

3-1

員工到任

　　身為部門主管，你深切地體會到，工作之順利推動有賴員工之鼎力支持。因此，從接掌該部門之日起，你即已兢兢業業地為增進良好的員工關係，及提升員工之工作績效而努力，希望藉此能為工作之推動奠定良好的基礎。

　　現若公司經過招募與遴選程序，延聘了一批新員工。在為期三天的全公司新員工訓練之後，其中有一位新員工被安置到你的部門來。當該員工向你報到後，你可能會採取下列三種作法之中的某一種：

1. 帶該員工到他的工作場所，以令他立即接觸份內工作，並交代一位經驗老到的員工，協助他解決爾後工作上所可能遭遇的難題。

2. 帶該員工到他的工作場所，並指定一位經驗老到的員

工，向他解說他所將履行的工作之基本性質，及該工作與其他工作之關係。

3. 親自向該員工解說他所將履行的工作的基本性質，以及該工作與其他工作之關係，然後再帶他到他的工作場所。

以上三種作法中的哪一種，最能符合你增進良好員工關係，及提升員工工作績效之願望？試申述理由。

解析

1. 儘管及早讓員工接觸份內工作，是協助他進入狀況的一種重要舉措，但員工到任後立即讓他接觸份內工作，卻含有一個嚴重的缺失：他無法在投入工作之前，先期掌握他份內工作的全貌，也無法分辨他的工作與其他工作之關係，此時他將置身於「見樹而不見林」的狀態！倘若能讓他事先了解，他的工作與上、下游工作之關係，則不但他對自己所應扮演的角色會有更深一層的體認，而且來自經驗老到的員工之協助也將更富啟發性。

2. 新員工到任之初，通常均懷有兩種心理需要：第一、他極想知道，為了善盡責任，他必須做哪些事情。第二、儘管他的身分只像機器中的一個零件，但在發揮

零件功能之前，他極想知道他這一零件跟其他零件之間到底具有什麼關係，以及他這一零件對整部機器將會產生什麼影響。指定經驗老到的員工為他做必要的解說，固然有助於滿足他到任之初的心理需要，但是這種作法卻含兩種潛在的缺失：第一、經驗老到的員工不一定有能力為新員工之工作做正確有效的解說。第二、為新員工做有關工作性質之解說，最適當之人選應該是新員工的頂頭上司，而非經驗老到的員工。

3. 在本個案的三種作法之中，這一種作法最能符合你增進良好員工關係，及提升員工工作績效之願望。原因有三：第一、新員工固然可以透過摸索、觀察，或經驗老到的員工之指點，而了解他的工作的基本性質，以及該工作與其他工作之關係，但是它們都遠不及你的親自解說那樣正確有效。身為主管，由於你的層次較高，你的視野照理應更寬廣，你的見識也應更深遠，因此由你親自解說當然會更具權威性。第二、身為部屬的人最耿耿於懷的一件事，莫過於「上司到底對我有什麼期許？我在上司心目中的地位如何？」因為他的考績、調薪、升遷，甚至個人與家庭的幸福，在相當程度內均操在上司手中。基於此，由你親自向部屬說明他的職責與角色，將有助於他及早進入狀況並發揮工作績效。第三、在部屬投身份內工作之前，

讓他對自己的工作擁有宏觀的視野，不但可避免他掉
進「明足以察秋毫之末，而不見輿薪」的窠臼，而且
可幫助他認明他的發展途徑。

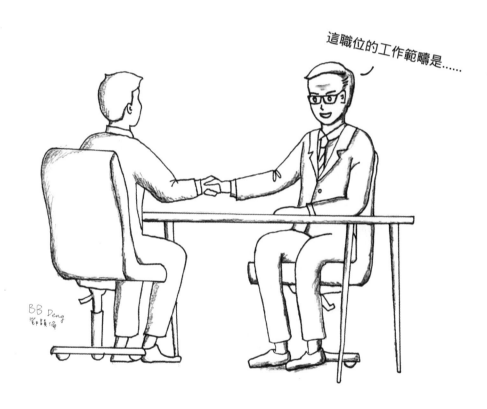

3-2

新進員工之工作表現變壞

問題一、

　　在你管轄的員工之中，王志輝是最為資淺的一位，他加入你的部門只有四個月。頭三個月他的工作表現良好，但最近這一個月來，則有每況愈下的跡象。過去數天，他竟然接二連三地犯了工作上的錯誤，其中有一些尚且是重複性的錯誤。就一位只有四個月工作經驗的新員工來說，王志輝的工作表現並不算太壞。但是令你擔心的是，倘若他的工作表現繼續變壞，那麼在兩個月後所將舉行的半年一次的績效評估裡，他極可能被評為工作表現差的員工。你認為王志輝工作表現變壞的原因，可能是出自底下四種情境中的哪幾種：欠缺訓練、激勵不足、環境阻礙、任用失當？你為何做出這樣的論斷？

問題二、

　　為確切了解王志輝工作表現變壞的真正原因，你必須當面約談王志輝。你認為最適當的約談時間是哪一個？你為何做出這樣的選擇？

1. 因為你在最近一個月才發覺王志輝的工作表現變壞，故暫時按兵不動，多觀察一段時期再作定奪。
2. 立即與王志輝談論他工作表現變壞之事。
3. 距正式考評時間只有兩個月，故將王志輝工作表現變壞的事，留待正式考評時再予處理。

問題三、

　　假定你是上一個案中的主管，你已決定立即約談王志輝，此時你面臨大多數主管均感尷尬與棘手的一個問題：如何向王志輝述說他的工作表現不佳？在以下三種約談的開場白之中，你認為哪一種最有利於問題之處理？為什麼？

1. 「老王，最近我發現你在工作上犯了不少錯誤，你能否為我解釋理由？」
2. 「老王，你到本部門來已有四個月的時間了，但遺憾的是，我們沒有太多機會交談。我不知你對目前這份工作是否喜歡，也不知你是否遭到困難而需我幫助，

你能否談一談你對這份工作的看法？」

3. 「老王，自從你來了本部門之後，很遺憾地我們並沒有太多機會相聚。不過經過這幾個月，相信你已安定下來，你能否談一談你對工作的觀感？」

解 析

問題一、

由於王志輝頭三個月的表現良好，所以他第四個月表現變壞的原因，大概不是來自「任用失當」。其次，新進員工通常不會也不應該被指派承擔高難度的工作，因此王志輝第四個月表現變壞的原因，大概也不是來自「欠缺訓練」。基於以上之分析，王志輝表現變壞的原因可能是來自「激勵不足」或「環境阻礙」。

問題二、

1. 不！這並不是一種良好的舉措。當員工的工作表現出現惡化跡象，身為主管的你最忌諱的是視若無睹、置若罔聞、或是存心繼續觀望。倘若你能立即過問，則將產生三種好處：第一、在問題滋生之初，你即刻設法解決，這可避免小問題釀成大問題。解決小問題所需支付之代價，遠低於解決大問題所需支付之代價。第二、當員工一有反常的工作表現時，立即過問，這

不但足以顯示你對員工個人福祉之關心，而且你也提供機會給員工以幫他化解他所面對的困境。這樣做，對員工工作表現之改進具有實質的助益。第三、就主管的職責而言，即令是單一員工在單一工作天的不良工作表現，都足以危害整個部門的績效，因此只要是對部門有利的事情，你都應該及早去做。

2. 是的，你應立即與王志輝談論他工作表現變壞之事，而不應有任何延宕。原因是：最近一個月來，他的工作表現已每況愈下，加上過去數天，他竟然接二連三地犯錯，其中有一些尚且是重複性的錯誤！事態已相當嚴重，你務必要立刻過問，以扭轉局面。打個比喻來說，當飛機駕駛員收到原定降落地點所發出的機場封閉訊號後，他應立即將飛機導向另一個降落地點，而不應繼續在原定降落地點的上空盤旋等候！立即約談王志輝的這種舉措，具有三種好處：第一、你可以改變他的「航向」，特別是當你透過約談，而能找到導致他工作表現惡化的癥結時。第二、讓王志輝能及早改進其工作表現，而不致於等到績效評估面談時，才獲悉他是屬於工作表現差的員工。第三、假如你能徹底解決王志輝的問題，則不但王志輝的工作表現可及早獲得改善，而且整個部門的運作也將及早變得更加順暢。

3. 這是最差的一種選擇，原因有三：第一、你為什麼要無端端地多忍受兩個月的惡劣的工作表現？第二、小問題在萌芽階段就設法予以排除，總是好過讓它釀成大問題時才手足無措。比方說，你明知車子已因機件故障而發出異常的聲音，為什麼不儘快將它開進修護廠，卻仍然將車子開到它不堪使用的地步才大傷腦筋？第三、倘若王志輝未來兩個月的工作表現毫無改進，而逼使你將他評定為工作表現差的員工，到那時他一定心理極不平衡地質問你：「既然你在兩個月前已發覺我工作表現欠佳，為什麼不及早提醒我，以免讓我得到惡劣的考評？你是否存心整我？」

問題三、

1. 這是一種極度魯莽與不智的開場白。原因是這樣的：儘管王志輝確實犯了不少工作上的錯誤，但該等錯誤之發生，並不見得一概都應歸咎於王志輝。譬如說，在工作流程中處於上游的人員，提供給王志輝的數據或物料含有瑕疵。該等數據或物料均足以導致王志輝犯錯，但其責任則不應歸由王志輝承擔。在診斷與判定王志輝犯錯的真正原因之前，貿貿然要王志輝解釋犯錯的理由，難免令王志輝覺得你已武斷地認定他是所有錯誤的禍首。在這種情況下，王志輝必然會採取

自我防衛措施，以對抗你的責難。這顯然是不利於問題的處理的。

2. 這個開場白的頭一句話，頗為自然與貼切，但第二句話則顯得極其唐突。在批評與糾正員工的不良工作表現之前，應先與員工建立和諧與融洽的氣氛，而不應劈頭就暗示他工作表現欠佳。這樣做，很容易逼使員工採取對抗的態度以圖自保。

3. 鑑於王志輝加入你這家公司為期不算太久，以這樣的開場白切入，最能夠讓王志輝暢所欲言，並且最能夠與他建立融洽的溝通氣氛。王志輝在談論四個月來的工作心得時，很可能會主動觸及他所遭遇的困境，此時你可以自然地順勢提出你對他工作表現之觀感，並進而探尋他工作表現每況愈下的原因。倘若王志輝並不主動提及他所遭遇的困境，你也可以在溝通進行到氣氛極為融洽之際，引導他談論最近的工作表現。

3-3

產量趕不上進度之因應措施

　　你是某一生產部門的主管。某日你的頂頭上司提醒你，最近一、兩個月來，你主持的部門之生產量，已有逐漸趕不上進度的趨勢。你了解上司的話並非挑剔，而是合乎實情，因為近來你察覺整個部門的工作效率，已有降低之跡象。工作效率之降低，根據你的推測，可能是導因於機器性能不佳，也可能是導因於機器維護不當。不過，可以確定的是：近來機器常常出狀況，而且你曾耳聞一些作業員對機器性能不佳之評語。

　　根據你對機器性能與機器維護之了解，作業員對機器性能不佳之批評，以及上司對你之提醒，你將會採行什麼樣的因應措施？請評估底下諸種對策之優劣：

　　1. 要求工程部門之專家前來檢視機器。

2. 要求維護部門派員前來修理或保養頻頻出狀況之機器。

3. 花些許時間與你的部屬討論目前遭遇之情況,以了解他們對這種情況之看法。

4. 召集你的部屬並告訴他們:你已根據他們對機器性能不佳的批評,要求工程部門及維修部門之人員前來檢視及修理機器,以令他們了解,將來本部門生產效率之提升,在相當程度內應歸功於他們對實況的反應。

解 析

1. 固然工程部門之專家,對機器性能之改進以及對生產力之提升,足以發揮實質之貢獻,但是在要求他們前來檢視機器之前,你必須確定機器之頻頻發生故障,到底是導因於機器性能不佳,還是人為的因素所造成。除非機器故障之原因是來自性能不佳,否則要求工程部門之專家來檢視機器,是一種不切實際的舉措。就算機器故障的原因確是來自機器性能不佳,工程部門專家之突然前來檢視機器,很可能會引致現場員工之抗拒或反彈——因為這樣做,一來足以干擾現場的工作,二來足以讓現場的員工覺得他們不受尊重。因此,這種對策並不理想。

2. 既然機器頻頻出狀況,要求維修部門派員前來修理或

保養機器，應是一種正常的處理方式。不過，除了維修部門對機器擁有專業知識，現場員工對機器之頻頻出狀況，應有第一手資料可供參考。在諮詢現場員工的意見之前，要求維修部門派員來修理或保養機器，這樣做不但無法全盤掌握機器出狀況的理由，更無法贏得現場員工之認同。因此，這種對策並不理想。

3. 在所有的對策之中，這一種對策最佳。理由有二：第一、為了查明產量趕不上進度的確切原因，向操作機器的現場員工諮詢，這是最直接與最有效的方法。透過這一番諮詢，你將不難研判機器之頻頻出狀況，到底其原因是出自機器之性能？出自機器之維護？還是出自機器之操作？第二、向機器操作人員諮詢有關機器性能、機器維護及機器操作等問題，可以被視為對該等人員之尊重。

4. 這一種對策具有兩種好處：第一、為工程部門及維修部門人員之出現提供理由；第二、向你的部屬展示，你對他們意見的重視。乍看之下，運用這種對策足以表示，你對自己的部屬極其關愛與禮遇。但細加斟酌，人們可能會認為你太剛愎自用，因為要是你對部屬存有足夠的關愛與禮遇，你將不致於不事先諮詢部屬的意見就斷然採取行動！因此，這種對策並不理想。

交叉訓練

　　邱文奎為某公司之庶務股長，他督導下的股員共計十八人。每一位股員之工作難度相當，但工作性質則鮮有相同之處。

　　當邱文奎屬下之股員全體出席時，工作之進行十分順利，工作氣氛也極為和諧輕鬆。但是一旦有兩、三位股員缺勤時，工作之進行則顯著地受阻礙。為彌補部分股員之缺勤所遺留下來的工作，邱文奎不得不要求加班，但加班一直被股員視為畏途。經過深思熟慮，邱文奎認為只有令股員接受交叉訓練──即每位股員除了熟悉自身的工作外，至少尚須熟悉其他一位股員所履行的工作──才能徹底解決問題。至於交叉訓練方式，按邱文奎之構想計有以下三種：

　　1.向所有的股員宣稱，以後若想避免加班，唯一的途徑

便是每一個人至少要熟悉其他一個人的工作，以便在某一同事因故缺勤時，其他同事能即刻承擔他的工作。因此，他要求每位股員一得空，即應主動與其他同事彼此學習對方之工作。

2. 為每位股員訂出學習另一種工作的時限，但在該時限內給予富於彈性的進度編排。

3. 為每位股員制定硬性之進度表——亦即每天除了原有的工作均須學習另一種工作之某一部分——以令他們在某一特定時日之前學會另一種工作。

請評估以上諸種交叉訓練方式，並編排它們的優劣順位。

解析

1. 基於員工之視加班為畏途，這種幾近自由放任式的訓練，可以鼓勵少數上進心較強的員工，著手自我培植第二專長。但就大多數員工來說，因為他們並不感受到任何壓力，所以終究是言者諄諄，聽者藐藐。就算每一位員工均熱衷於培植第二專長，在欠缺主管的通盤規劃與要求之下，每一個人完成學習其他一個人的工作之日期，通常均難以把握，甚至有的還會是遙遙無期。此外，有些工作恐怕乏人問津。由此可見，這種方式的交叉訓練將不足以產生預期效果，庶務股的

加班現象將無法避免，而邱文奎也將被認定為欠缺效能的股長！

2. 這種方式最為理想，因為它滿足了任何交叉訓練所應具備的三項要件：第一、交叉訓練的範圍必須涵蓋所有的工作，而不能有任何遺漏。為滿足這項要件，管理者必須事先做通盤的規劃。第二、必須明確地設定交叉訓練的完成日期，因為人們面對期限時會有更富效率的工作表現。第三、交叉訓練的進度必須具有彈性。就每一位員工本來的工作流程而言，有時工作量會特別多，有時工作量會比較少。工作量特別多的時候，不適合進行交叉訓練；工作量比較少的時候，則適合進行交叉訓練。基於此，管理者必須針對每位員工之交叉訓練給予富於彈性之進度安排，並督導之。

3. 這種交叉訓練方式最差。原因是：它不考慮每位員工份內的工作量之時多時少。一旦份內的工作量加重，為了兼顧交叉訓練，員工在倍感吃力的負荷下，勢將無法同時做妥兩類工作，甚至為了要趕交叉訓練之進度而被迫加班！這不就違背了實施交叉訓練之初衷嗎？

3-5

如何協助業務代表提升業績？

　　你正在跟一位業務代表——李志雄——談論有關他這幾個月來業績明顯衰退的補救措施。李志雄顯得火藥味十足。他強力辯稱，他不應該為業績下降負責，因為過去半年來業界一直面臨景氣低迷狀態，而且他個人所創造的業績平均說來並不比其他業務代表差。倘若你想促使這次面談產生具體效果，你將怎麼辦？請評估底下諸種對策，並說明它們的利弊得失：

1. 暫時停止這次面談，要求李志雄保持冷靜，並請他在心情平穩之後，再找你繼續談論有關問題。

2. 明確地告訴李志雄，你希望他在未來一段時間必須達成的目標是什麼，並將你的要求訴諸正式文件。

3. 以對事不對人的態度，向李志雄提陳他業績衰退的具

體資料，並與他探討提升業績的步驟。

解析

1. 儘管暫時停止這次面談，並找機會繼續面談，這樣做不失為一種權宜之計，但是李志雄火藥味十足的態度並不可能因而轉變。只要李志雄感到你認為他必須為下降的業績負責，他將不可能保持冷靜。你之暫停此次面談，在李志雄看來，這是你不能認同他的看法的一種具體表示。因此，這不是一種理想的對策。

2. 這是一種極度權威式的命令，原因有二：第一、你毫無妥協餘地地向他提出你的要求；第二、將你的要求訴諸正式文件。這樣做固然可以展現你的決心，但是你並不提供機會讓李志雄表白他的困境，並針對他的困境研擬補救措施供他參考。因此，這種命令對李志雄業績之改進並無實質的幫助可言。這是三種對策中最差的對策。

3. 將業績衰退當作你與李志雄共同面對的一個問題，然後一起設法探尋解決問題的步驟。這是一種就事論事而不涉及價值判斷的問題處理過程。運用這樣的過程，不僅可以避免遭致李志雄的反彈，而且可以找到提升業績的有效途徑。因此，這是三種對策中最好的對策。

3-6

牢騷投訴

　　某一天，你屬下的一位員工，忿忿不平地跑進你的辦公室，向你抱怨：「恕我不客套！我真不明白，為什麼最近分派給我的工作總是又多又重。我已忙得昏頭轉向，但工作量仍然有增無減。其他的人沒有一個人像我這樣忙，他們似乎悠哉游哉的。我老是想不通，何以我如此努力工作，而我的加薪幅度卻比不上他們？」

　　顯而易見地，該員工對目前所履行的職務以及對自身所接受的待遇，感到相當不滿。在與他面談時，你首先會顧及他在底下諸種需要中的哪一種？何故？

　　1. 他極需要知道，他何以會受到不公平的待遇。

　　2. 他極需要向一位擁有實權的人發洩他的牢騷。

　　3. 他極需要你向他表明，以後不會再讓他蒙受不公平

待遇。

解 析

1. 根據我們對人性的了解，該員工確實極需要知道，他何以會受到不公平的待遇。但是，你若首先顧及他的這種需要，而直截了當地提出理由來開導他或反駁他，你將難以令他心平氣和地離開你的辦公室。原因是：你的理性化答覆，無法擺平他極度情緒化的心境。換句話說，你若不設法先對付他澎湃激昂的感覺，你將無法跟他述說道理。因此，這個選擇顯然是不理想的。

2. 儘管該員工極需要知道，他何以會受到不公平的待遇，以及極需要你向他表明，以後再不會讓他蒙受不公平的待遇，但他此刻最感迫切需要的是讓你了解他的感受。因此，你若能提供給他「情緒的急救」——亦即耐心地傾聽他的牢騷——你不但可以讓他在情緒發洩之後冷靜下來，而且還可確切地掌握他對事物的真正感受。這樣做將極有利於牢騷之化解。

3. 該員工可能需要你向他保證，以後再不會讓他蒙受不公平待遇。但是，在滿足他的這種需要之前，你必須先確定：（1）他是不是真的蒙受不公平的待遇；以及（2）導致他感到蒙受不公平待遇的原因何在。因此，

你若直率地向他表明，以後不會再讓他蒙受不公平待遇，你將嚴重地失職。理由是：未經探查，你如何能確信他受到不公平的待遇？就算他真的受到不公平的待遇，你為何不提供機會讓他發洩心中的鬱悶，並指出蒙受不公平待遇的原因？

　　附註：倘若處理得當，部屬之牢騷可成為化解衝突與疏導怨懟的「安全活塞」；但若處理不善，則部屬之牢騷將足以導致士氣低沈，與工作績效惡化之後遺症。因此，處理部屬牢騷之技巧是每一位管理者必須具備的。但就觀察所及，一般管理者在處理部屬牢騷之際，往往過於漫不經心。這是令人深感遺憾的事。底下的十誡，謹奉獻給有機會處理牢騷的管理者：

　　〈第一誡〉切莫令部屬感到你遠不可及──在你日理萬機的工作重擔之下，你或許會將部屬的牢騷視為微不足道的小事而蓄意忽視，致使部屬感到投訴無門。這是很危險的一種態度。在部屬心目中，任何一種牢騷都深具重要性。假如你被部屬視為遠不可及或高不可攀，則唯一的結果便是加重他們的不滿。

　　〈第二誡〉切莫令部屬感到你不凝神諦聽──光是容許部屬在你面前發牢騷，而不全神貫注他們所述說的一切，將令部屬解釋為你只在虛與委蛇。為做到全神貫注，你與部屬

面談之際，應避免接聽電話、接見訪客、處理文件、或做出任何其他足以分心的舉止或動作。

〈第三誡〉切莫令部屬感到你對他們的牢騷掉以輕心——當部屬莊而重之地抱怨或訴說冤情的時候，千萬別讓你的「身體語言」顯示你認為他們的冤屈是沒有根據的，例如搖頭否定、展露無所不知的笑容、表現猜疑的眼神等。記住：絕大多數的部屬之膽敢向你訴冤，都是因為深信自己擁有充分的理由做後盾。

〈第四誡〉切莫過早表示意見——在獲致足夠的資訊或證據之前即信口雌黃，不但失之草率，而且對抱怨的部屬來說也是欠公平的。

〈第五誡〉切莫延宕——延宕的本身即是牢騷的一種來源，而且在管理者延宕的作風下，往往會迫使小牢騷成為大牢騷。基於此，管理者一接到牢騷之投訴，應儘早予以處理。

〈第六誡〉追查牢騷根源之際切莫淺嘗輒止——對導致牢騷的背景之探索若不深入，則極易令部屬認為你想證明他們是無的放矢，或至少認為你並不是一位值得信賴的主管。

〈第七誡〉切莫以官樣文章擋駕——管理者若以「這件事我必須向上級請示」、「你應循正式途徑投訴」、「我會在適當時機把你的意見反映給上級」之類的說辭來對付牢騷，雖可暫時發揮壓抑作用，但長期之下將會造成部屬的反感。

〈第八誡〉應讓部屬了解牢騷的處理狀況——你一旦受理部屬的牢騷投訴，則應令部屬確切了解你對牢騷的所作所為。這樣不但可免除部屬之焦慮，而且可顯示管理者負責之態度。

〈第九誡〉應追蹤牢騷處理之終極結果——牢騷之處理通常都令人感到不愉快，因此管理者無不希望及早了結這種不愉快的事。但是，這種不愉快的事之了結，必須是在牢騷獲得終極解決之後。

〈第十誡〉牢騷一旦化解則不應再耿耿於懷——由牢騷所導致的創傷若不被忘懷，則不僅足以破壞和諧的人際關係，而且足以令精力花費在毫無意義的追思活動上。這是以建立和諧的人際關係與追求績效為己志的管理者，所應絕對遵守的誡律。

3-7

拒絕升遷

　　李文平在研究發展處工作歷時二十年，他的表現一直十分出色，因此頗受該處同仁之尊敬。最近該處處長王三強辭職他就，總經理要求王處長推薦繼任人選，李文平乃順理成章地被王處長推薦給總經理。當總經理把提升之旨意告訴李文平，才意外地發現李文平極其肯定地表示不願意接受提升，因為他自認為非將將之才，而且他能滿於現狀。假定李文平確是處長之最佳人選，你認為總經理在面對李文平謝絕被提升的情境下，應該怎麼辦？請評估底下諸種對策，並說明它們的利弊得失：

1. 既然李文平肯定地表示不接納提升，同時處內又找不到像他那樣理想的人選，故只好對外徵聘。
2. 既然李文平為最佳人選，就算他表示不願意接納，先

提升他再說。

3. 要求李文平暫代處長職務，直到找到繼任人選為止。

解 析

1. 一觸及升遷問題，許多人表面上都抒發「高處不勝寒」的論調。這極可能是違心之言，因為由經驗可知，耐寒的人本來就很多！當然，確實有些人會拒絕被提升。考量其原因，最主要恐怕是來自：第一、較高的職位所提供的誘因不具吸引力；第二、對不熟悉的職務產生恐懼。倘若一個人之拒絕被提升是出自第一個原因，那麼除非能增強誘因，否則此人將無法被說服改變初衷。其次，當一個人之拒絕被提升是出自第二個原因，則只要增進他對新職務的認識，將可說服他改變初衷。儘管李文平肯定地表示不接納提升，但是在確切地認定他不接納提升的原因之前，總經理不應貿貿然對外徵聘。

2. 這是一種霸王硬上弓式的作法。這一種作法跟前一種作法雖然分別處於不同的極端，但是卻具備兩個共同點：第一、不設法研判李文平是否真正欠缺被提升之意願；第二、對李文平不夠尊重。現若不理會李文平之想法，斷然提升他，萬一他在新的工作崗位表現不佳，再予以降調，這不僅是對李文平的一種屈辱，

而且對總經理及公司整體而言也是一種無可彌補的傷害。

3. 要求李文平暫代處長職務，直到找到繼任人為止。這樣做，具有雙重好處：第一、倘若李文平在代理期間覺得工作勝任愉快，則總經理將很容易說服他接納處長職位。第二、倘若李文平在代理期間顯示低落的工作意願或工作能力，則總經理可以在找到其他人選後立即恢復他原有的職務，這樣將不致於打擊他的自尊心。

附註：所謂晉升，即指將員工安置於組織架構中較高的職位。較高的職位通常均含較重的責任、較顯著的地位、較多的貢獻、較大的權力、較優厚的待遇、以及較穩固的保障。從組織的觀點而言，晉升之主要作用，在於填補職位空缺，與激勵員工士氣。這兩種作用均以實現組織目標為依歸，茲申述如下：

一、晉升的兩大作用

組織在運作過程中，常因員工之調遣、辭職、退休、解聘或死亡，而出現職位空缺。晉升是填補職位空缺的一種手段。但這並不意味，組織一出現職位空缺即須填補，或是填補職位空缺時，必須以員工之晉升為手段。

事實上，組織本身一出現職位空缺，首先須盱衡的是：有無填補該空缺之需要？出現空缺的職位所需履行的工作，能否分攤到其他職位上？組織架構的局部調整，能否免除職位空缺之填補？無可置疑地，職位空缺之出現，是組織裁減冗員與提高生產力之最佳時機。任何組織均應極力避免令員工產生這樣的錯覺：職位空缺將被自動填補，或某特定員工將成為某一空缺之繼承人。這是因為一旦空缺不予填補，或是填補空缺的人選並非料想中的人，將引致部分員工之不滿。

　　員工之所以加入一個組織，其目的不外乎希望透過該組織來滿足他的需要。晉升機會之提供顯然足以滿足員工較高層次之需要，這對員工士氣之激勵將發揮有利的效果。不過，我們不應該將員工之希冀晉升視為當然之事理，因為任何組織皆有可能存在著一小部分不願接受晉升的員工。在上文中我們曾經提及，這些員工之所以不願被提升，可能是因為：（1）較高的職位所提供的誘因不具吸引力；（2）對不熟悉的職務產生恐懼。

二、內部晉升與外部徵聘之利弊得失

　　假定一組織出現職位空缺，經過縝密與周詳的考量，決定予以填補。此時，該組織將面臨這樣一個政策性問題：空缺的職位究竟應以內部晉升來填補，還是以外部徵聘來填

補？為解決這個問題，我們必須先探討內部晉升及外部徵聘之利弊。

內部晉升具有以下之好處：

（1）多數員工都希望，在其工作生涯中，能爬升到較高之職位。一個職位空缺之存在，往往會帶動一群人作一系列之晉升，這對員工士氣之鼓舞具有正面的影響。

（2）內部員工之工作能力與工作態度，較外界人士更易於衡量，故內部晉升制度之建立，可減少組織用人失當之風險。

（3）內部晉升可簡化遴選員工之手續，及節省組織之花費。

內部晉升無法避免下列之缺失：

（1）為因應內部員工之晉升，組織需要具備一套完善的員工培訓計畫。這類計畫之研擬與推行所費不貲，通常不是資力薄弱的組織所能負荷得了的。

（2）當組織內部重要的職位全由基層員工逐級升任，組織本身將因缺乏新人與新觀念之輸入，而逐漸孕育出一套趨於僵化的傳統，這對組織之長期發展是不利的。

由以上之分析可知，組織不能完全漠視外界新血輪之輸入。但到底如何促使外部徵聘與內部晉升之間，達成某種程度之均衡，則無定例可援。不過，一般管理學者認為，倘若在內部員工之中找不到足以勝任空缺職位之人選，則一定要訴諸外部徵聘。但若內部員工均可勝任空缺職位之要求，則至少應保留一部分的職位供外部徵聘，以免故步自封，無法因應外界環境之變化。（有些學者甚至明確地指出，至少應保留百分之十的中、高層職位供外部徵聘）。從事外部徵聘時，應特別留意有無曾經供職於本組織，但後來卻離職他就的人士。這些人士對本組織之了解較為透徹，他們對本組織之潛在貢獻也可能較大。

三、晉升之依據

　　假設一組織決定以內部晉升來填補職位空缺，則該組織必須明白地制定晉升之依據，以確保公平合理。目前普遍受到採用的晉升依據，包括品行、學歷、經驗、考試、年資、能力等。品行是指員工之道德感。很顯然地，品行應該成為晉升的必要條件。學歷與經驗在員工加入組織時，已被列為取捨之因素，故在考慮晉升時不應被過分強調。以考試作為晉升之依據固有其價值，但它不應成為晉升之唯一依據，因為考試只不過是針對員工工作潛力所作的抽樣鑑定，其效度有時頗令人懷疑。年資是指員工在組織內受到承認的服務時

間，而能力則指員工平時的工作表現及其發展潛力。管理學者通常皆主張，要以年資及能力作為晉升之主要依據。

以年資為依據具有下列之好處：

（1）年資是一種客觀的衡量工具。年資長的員工通常要比年資短的員工更富工作經驗。因此，以年資為晉升依據是一種明智之舉。

（2）以年資為晉升依據，將普遍受到員工所接納，因為它不像以能力為依據那樣容易產生偏見。

（3）以年資為晉升依據，將可增進員工之安全感，因為員工可以自行預估人事異動之時間及方式。這無異乎是說，以年資為依據時，管理者之決策將交由制度本身行使。

（4）以年資為晉升之依據時，年資將成為員工的一項寶貴財產，它將被刻意地珍惜。基於此，員工之流動率將可趨於降低。

以年資為晉升依據亦含下列之弊端：

（1）年資與能力並不一定成正比，有時年資之長短與能力之高低毫無關係。達成組織目標所依恃的是員工的能力，而非員工之年資，故強調年資將可能引致「所託非人」之後果。

（2）以年資為晉升依據，將導致員工喪失上進心，因為員工只須等待一定的時間，晉升即可成為事實。

（3）以年資為晉升依據時，組織將難以徵聘到能力高強的員工，況且組織內部年輕有為的員工，也可能因而離職他就。

（4）以年資為晉升依據，將養成員工「不求有功，但求無過」之心理，並進而造成推諉塞責之不良風氣。

　　至於以能力為晉升依據之長短處，則與以年資為晉升依據之長短處相反，讀者不妨自行比較推論之。

　　在實際處理員工晉升之際，相信沒有任何一個組織會純粹依據年資，或純粹依據能力作為取捨標準。多數之組織均採年資與能力相互妥協後之混合制。茲介紹三種混合制度如下：

　　第一種混合制度是這樣的：當員工的能力大致相同時，年資較長者將獲優先晉升之考慮；但若員工之能力有高低之差別時，能力較強者將獲優先晉升之考慮。由於員工之能力極少相同，故這種制度可以說較偏重能力。

　　第二種混合制度較強調年資，它是這樣的一種制度：只要年資較長者，能勝任某一較高職位之最低工作要求，而不管其他員工能力有多強，該職位應由年資較長者升任。假定有一職位空缺存在，而升任該職位之候選人有甲、乙、丙三

位。再假定甲、乙、丙之年資分別為五年、四年、三年。今若甲之能力不足以應付該職位之最低工作要求，乙之能力勉強可以勝任，而丙之能力則綽綽有餘。在這種情況下，乙應被界與該項職位。

第三種混合制度，則規定在某些情況下年資為唯一的考慮因素，在另些情況下能力則成為唯一的考慮因素。這一種混合制度，含有許多不同的設計方式。其中的一種是這樣的：較低職位之晉升完全取決於年資之長短，較高職位之晉升則完全取決於能力之高低。

以上所探討的，是一些值得採行的較為客觀合理的晉升標準，但在人事制度未上軌道的組織裡，仍有許多因素足以支配員工之晉升。這些因素至少包括：（1）員工之籍貫、信仰、性別、年齡、儀表、人緣等；（2）裙帶關係；（3）主管之好惡；以及（4）派系關係。倘若上述諸種因素不幸地成為一組織晉升之主要考慮，則該組織必然瀰漫著吹捧逢迎之氣氛，士氣之低沉與生產力之下降，自不在話下。

四、晉升之遴選方式

確定了晉升的依據之後，一組織必須進一步考慮晉升之遴選方式。晉升之遴選方式大別有二：（1）由主管或人事部門提名推薦；以及（2）公布空缺職位，以接受員工對空缺職位之申請。

在提名推薦的方式下，員工之晉升與否，可以說完全掌握在有關主管手中。除非該等主管賢明無私，否則員工之晉升機會將極易被抹煞。提名推薦有時也可能產生人力資源的反淘汰效果，因為有些主管往往以晉升作為排除異己，或隔離能力薄弱的部屬之手段，而對於能力高強的部屬，則故意不畀與晉升機會，以便長期留在身邊充當左右手。儘管如此，高層職位空缺之填補，一般皆以提名推薦方式為之。因為高層職位所涉及之政治因素甚多，必須妥為保密，故晉升的人選，通常在出現職位空缺之前幾個月或幾年即已被內定，而被晉升的人可能要等到組織本身公開宣布填補職位空缺時，才獲知這件事。

公布空缺職位以接受員工申請之遴選方式，大致上頗適合中、基層職位之填補。這種遴選方式的好處有二：(1) 可以避免主管對員工之晉升採一手遮天的作法；以及 (2) 對那些有意晉升但卻不具晉升條件的員工而言，這種遴選方式可以提供他們一個維護尊嚴的避風港，因為他們可以宣稱自己無意申請。這種遴選方式也含有兩種缺陷：(1) 它對敢於毛遂自薦的員工較為有利，但對謙虛與保守的員工則較為不利；以及 (2) 升任空缺職位所須具備的資格若訂得太寬，則申請者必多，造成遴選工作繁重無比。但若資格訂得太嚴，則員工可能會謠傳此種資格是專為特定員工而訂定。以上兩種缺陷，事實上並不嚴重，因為只要主管能鼓勵夠資格但卻

不主動申請的員工提出申請，以及小心訂定申請資格，即能
有效地克服這兩種缺陷。

五、晉升之時機

　　確定了晉升的人選之後，仍須考量晉升時機。一般組織
通常都不會在出現職位空缺之前即提升員工，因為這樣做不
但令被提升者無法履行較高職位所賦與之權責，而且令組織
本身增加額外之財政負擔。有些管理學者認為，理想的晉升
時機應儘量與組織之會計年度相配合。例如，會計年度是由
1月1日至12月31日，而職位空缺是出現於8月1日，則晉
升之日期可以考慮擺在次年1月1日。至於8月1日至次年1
月1日之期間，其空缺職位可以代理方式填補之。

六、晉升不應該淪為賄賂或酬庸之手段

　　晉升常常被一些組織充作賄賂及酬庸員工之手段，這
些作法值得商榷。先就賄賂這一點來說，當員工顯示倦勤跡
象或表露離職他就的意願時，主管往往會以晉升為條件，試
圖說服該員留下來。這種作法含有以下之缺點：（1）該員可
能無法勝任較高職位之工作要求；（2）該員之萌生去意，可
能是因為在同一崗位上待得太久而產生倦怠感，此時他真正
需要的是轉變環境。在上述情況下，組織如藉晉升促使該員
勉強留下，則可能無補於事，反不如放他數星期的假來得實

際；(3) 該員可能純粹為了增加收入而考慮他就，此時只須考量調整其薪資，而不應提升他。

其次，再就酬庸這一點來說，有些主管往往因部屬在現有崗位上之工作表現良好而予以提升。這種作法亦有待斟酌。組織在提升員工時，所應考慮的是該員能否勝任較高職位的工作要求，而不是該員在現有的工作崗位上之表現是否良好。當然我們並不否認，在現有工作崗位上表現良好的員工，很可能在較高職位的工作表現依然良好。但是我們更不應該否認，有些在現有工作崗位上表現良好的員工，無法在較高的工作崗位上能夠有良好的表現。

組織若不刻意節制以晉升充作賄賂或酬庸員工之手段，則勢必應驗管理學者彼得（Laurence J. Peter, 1919 ～ 1990）與哈爾（Raymond Hull, 1919 ～ 1985）所提出的「彼得原理」——在一組織裡，每一位員工都有可能被提升到他（她）所不能勝任的職位！

3-8

慎選激勵手段

　　何文匯是你的部屬中最為精明能幹的一位。不久前，透過你的推薦，他曾經代表你的頂頭上司——研究發展處的王處長——向剛剛接任總經理職位的吳先生，簡介研究發展處的未來發展計畫。由於何文匯精湛的專業素養，以及極具說服力的口才，他作完簡報後立即贏得吳總經理高度的讚賞。昨天，吳總經理向王處長指名，要何文匯向三個禮拜後，即將前來公司參觀訪問的政府要員作有關全公司發展計畫的簡報，並要他即日起就作必要的準備。不過，何文匯目前正忙於兩個月前由處長交付給你的某項專案工作。很不湊巧的是，該項工作也必須在三個禮拜內完成。

　　面對上述的情況，你遂找何文匯過來，商討他在未來三個禮拜的工作安排。何文匯因受上級主管器重，故意氣風發。他提議在上班時間內處理王處長交辦的工作，上班以外

的時間（包括週末、週日及夜晚）處理吳總經理交辦的工作。王處長對何文匯的提議不但同意，而且甚表激賞。

你本人對能擁有何文匯這樣的部屬，深感慶幸。但是，你卻擔心在這樣繁重的工作壓力下，何文匯是否真能不負眾望。為了激勵何文匯，你左思右想終於想到了底下四種手段：

1. 告訴何文匯，你將建議上級對他提供某種方式的獎勵。
2. 告訴何文匯，三個禮拜後，你將請他全家吃飯，以表示你對他格外付出的謝意。
3. 在未來三個禮拜之內，對何文匯特別表示關愛，以令他了解你對他的器重與感激。
4. 設法令他覺得，倘若他不將兩樁事做妥，他將對不起你，因為要不是你過去常常在上司面前稱讚他，他將不可能有今日。

請評估以上諸種激勵手段，並說明它們的利弊得失。

解 析

1. 「過猶不及」的道理，可以用來評估這一種激勵手段。透過你的推薦，何文匯的才華不僅受到處長的激賞，而且更獲得總經理的青睞。對身為部屬的何文匯

來說，能夠得到公司最高當局的器重，這已是莫大的激勵，難怪他此刻會意氣風發！在目前這種情況下，假如你還要建議上級對他提供某種方式的獎勵，則顯然不妥。原因有二：第一、就何文匯以外的部屬來說，他們可能會認為你集寵愛於一身，因而造成情緒之反彈。第二、上級不一定接納你的建議。果真如此，你不但觸犯了「輕諾寡信」的誡律，而且也打擊了何文匯的上進心與奉獻心。

2. 這是一種相當好的激勵手段。原因有四：第一、不論何文匯願不願意接納你的邀約，這種激勵手段不但可以讓何文匯的家人了解，何文匯在公司裡是多麼地受到器重，而且你也可趁這個機會向他的家人表示謝意，畢竟何文匯繁重的工作也導致他家人的某些犧牲！第二、這種激勵手段是你自己能夠掌控的，而不可能成為空頭支票。第三、「請吃飯」之象徵意義大過實質意義。事實上，在今天這樣富裕的物質環境下，人們對「吃」本身已不當一回事。「請他全家吃飯」應可被解釋為對他全家的一種善意的表示。第四、三個禮拜後的飯局邀約，含有「慶功宴」的意思。這表示你確信何文匯在未來三個禮拜內必定能夠完成艱鉅的使命，這是多麼重大的信賴與付託！假如你不認為請何文滙全家吃飯是適切的，你可以設法提供給他你

權力範圍內的特別休假，或至少給他稱讚。

3. 身為上司，平常就需要適切地關愛所有的部屬。在未來三個禮拜，對工作負荷特別沉重的何文匯提供特別的關愛是必要的。原因有二：（1）令他了解你對他的器重；（2）掌握他的工作進度，必要時你可提供給他協助。這既是一種管控措施，也是一種激勵手段。

4. 這是藉著情緒勒索的手段，讓何文匯把手頭上的兩樁事情都做妥。我們深信該種手段確能達到目的，但它無可避免地會造成這樣的後遺症：何文匯將認定，你過去對他的一切激賞全屬偽善。換句話說，你過去對他的「厚愛」，只不過是為換取你在特定時間要他做牛做馬的籌碼！

3-9

褒揚員工

假定你指派一位員工去履行某種任務。該員工不但能在你所限定的時間內完成任務，而且出乎意料地，他對該任務已做到盡善盡美的地步。在下列四種可行的褒揚途徑中，你認為哪一種途徑最能發揮激勵效果，以令他在未來能繼續維持良好的工作表現？為什麼你會選擇這種途徑而不選擇其他途徑？

1. 請該員工到你的辦公室，當面予以口頭褒揚。

2. 將該員工完美的工作表現，在公司的布告板公布出來，以令其他員工知悉。

3. 邀請該員工向公司內其他員工解說，他成功地履行任務的經過。

4. 將該員工此次良好的工作表現列為下次調薪的考慮因素。

解 析

1. 員工盡善盡美地做妥工作之後，主管絕對不應視若無睹或置若罔聞，而應親自面對面地予以褒獎。倘若主管能在員工做妥工作後，立即施以褒獎，則褒獎的激勵效果將可增大，因為員工在做妥工作之片刻，是成就感最大也是最渴望受到肯定的時機。其次，在褒獎員工之際，主管若能移樽就教，而不要求員工到自己的辦公室，則更能展示主管對員工的誠意與尊重。

2. 該員工完美的工作表現，確實值得藉布告板或公司內部的刊物來公開宣揚。這種褒獎方法具有兩種好處：第一、該員工的良好事蹟可以廣為周知。第二、該員工的成就可以用書面方式存檔。儘管這樣做足以對該員工產生激勵效果，但美中不足的是，它因缺乏主管本人的親身關懷，而顯得過分呆板與冷漠。

3. 這種途徑能產生最大的激勵效果。原因有二：第一、工作本身是成就感與貢獻感的最主要來源。讓該員工有機會重新接觸足以產生成就感與貢獻感的工作，是對他的一大鼓勵。第二、請他向其他員工解說，他成功地履行任務的經過，不僅是一種公開表揚，而且也是一種公開示範。

4. 固然員工的工作表現應該反映於員工的薪酬，但是將員工某次的特殊工作表現，充作調薪的考慮因素，並非良好的激勵手段。原因有三：第一、特殊的工作表現若藉調薪予以肯定，則很容易破壞既有的薪酬制度。第二、每一種傑出的表現倘若都反映於薪酬調整，將使公司的財力不勝負荷。第三、調薪日期距離良好的工作表現愈遠，調薪的激勵效果將愈差。

附註：管理者都很清楚，適切的稱讚不但能令部屬獲致「受尊重的需要」之滿足，而且能夠提高部屬的工作意願。茲將不適切的稱讚方式與適切的稱讚方式列表對照如下：

不適切的稱讚方式	適切的稱讚方式
1. 空泛而不著邊際的稱讚——例如「老張，你的工作表現好極了！」這類抽象的稱讚因為沒有什麼實質意義，所以不易令被稱讚者真正地重視它。	1. 具體的與特定的稱讚——例如「老張，今天上午你對顧客投訴之處理方式，實在極為得體。」這類具體兼特定式的稱讚，可令被稱讚者了解，上司已察覺或已風聞他值得稱讚的表現。
2. 不附加理由之稱讚——上一實例中，主管只稱讚部屬工作表現極好，而不進一步說明它之所以值得稱讚的原因，這一類稱讚可能令部屬覺得主管言不由衷。	2. 附加理由之稱讚——上一實例中，主管若能繼續以「我之所以認為你的處理方式極為得體，是因為你極具耐性地接納投訴、委婉地解釋補救措施、以及徵諮顧客的意見。」之類的話語充作稱讚之理由，則部屬將可因而洞燭主管之誠意。
3. 對人而不對事的稱讚——例如「你真是一位天才演說家！」這種對人的本身所施以的稱讚，往往因失之誇張，而易於令被稱讚者感到噁心或肉麻。	3. 對事而不對人的稱讚——例如「你今天所選擇的演說題目，正是聽眾所感到興趣的。」或是「你在今天的演說中，對維護工業安全的主張頗為中肯。」這種對事所加諸的稱讚較具客觀性，因此也比較容易令被稱讚者欣然接納。
4. 針對期望中的工作表現而施以的稱讚——倘若主管對期望中的工作表現施以稱讚，則可能令部屬誤以為，主管所真正要求的工作水準較期望中的工作水準為低。	4. 只針對傑出的工作表現施以稱讚——這裡所謂的傑出的工作表現，顯然要較期望中的工作表現優越。因此，針對傑出的工作表現施以稱讚，將令被稱讚者獲致成就感。

不適切的稱讚方式	適切的稱讚方式
5.「三明治」式的稱讚——亦即夾雜批評的稱讚——通常不會產生良好的激勵效果。為了表示善意，許多主管在批評之前往往先對部屬施以稱讚，而且為了避免因批評而產生惡感，他們在批評之後又對部屬施以稱讚。這種方式的稱讚，可能令部屬感到主管居心叵測。	5. 不夾雜批評的稱讚較為可信，且較具激勵效果。
6. 當部屬覺得，稱讚只不過是為促使他們加倍努力的一種手段時，這種稱讚將喪失激勵作用。因為在部屬心目中，這種稱讚只不過是一種「軟性的鞭策」，而非真心的表揚。	6. 純粹因為值得稱讚而施以的稱讚，最令人所樂於接受，因為這種稱讚是不附帶條件的。
7. 只當他人（特別是頂頭上司）在場時，才對部屬施以稱讚，這種稱讚很容易被部屬視為別有用意。	7. 在值得稱讚的時候即施以稱讚，而不處心積慮地選擇場合，這樣的稱讚較得人心。
8. 值得稱讚的事蹟發生的時間，與施加稱讚的時間相隔愈久，則稱讚的激勵效果愈小。	8. 即時稱讚的效果較佳，這與「打鐵趁熱」的道理相同。
9. 只稱讚工作之績效，而不提及為達成這種績效所花費的心血，將使稱讚之效果減低。	9. 既稱讚工作之績效，又指陳為達成該績效所花費的心血，將令被稱讚者感到稱讚者為「知己者」——即「士為知己者死」這一則名言中的「知己者」。

3-10

誠實是上策嗎？

　　你所管轄的某一單位之主管，最近曾向你申請購買某種昂貴的設備。由於該項申購案超出你所能左右的預算範圍，而且你又不想太令屬下失望，所以你抱持姑且一試的心情向你的上司要求經費之支援。沒想到，上司問都不問地在你的簽呈上批了個「准」字。你感到大惑不解，因為上司向來都是最善於看管荷包的人，根據他平時的作風，他不可能這麼爽快地批准你的要求。唯一令你能夠自圓其說的解釋是：上司就快退休了，他不介意給你送個臨別秋波。你屬下的人一定會問及，你如何說服上司批准該申購案。倘若你的屬下真地問及這個問題，你將如何答覆？請評估底下諸種可能的答覆，並說明它們的利弊得失：

　　1. 據實指出，你也感到莫名其妙，說不定你的上司是在

臨退休前，給大家送上一個秋波。

2. 指出上司對你所管轄的這個單位之業績頗表滿意，所以直截了當地批准該申購案。

3. 誇張地指出，你設法說服上司批准它。

解 析

1. 固然誠實是上策，但絕對的誠實卻未必是上策！你若據實說出你的感想，這樣做你不但傷害自己，而且也損及上司及公司。身為主管，你不但未能善盡申購案之審核責任，反而以「姑且一試」之態度將申購案推給上司處理。當你意外地得到上司的核可，卻又說不出上司核可的理由。你的部屬肯定會質疑：你這個主管是怎麼當的？其次，你據實告訴部屬，上司之核可也令你感到莫名其妙，說不定上司在臨退休之前給大家送個秋波。這全然是你個人的揣測，而不一定是上司的旨意！這種揣測難免令部屬覺得你的上司是個沒有原則的迷糊蛋！最後，任何一家經營上軌道的公司都有一套採購制度，你的一番說詞無異於否定了公司採購制度之存在，或至少強烈地暗示該採購制度已形同具文！這對公司的形象是一種嚴重的傷害。

2. 倘若上司對你所管轄的這個單位的業績感到不滿意，則不論他是否即將退休，他都不會批准如此昂貴的採

購案。凡人都會珍惜自己的羽毛，你的上司也不會例外。你向部屬指出，這個申購案之獲得批准，是因為他們的工作表現受到你上司所肯定。你不但激勵了部屬，而且也將榮耀歸給了上司！你這樣做，除了可贏得部屬的尊敬，尚可贏得上司的激賞。

3. 倘若你在上司心目中毫無分量可言，則上司對你的申購案極有可能不予理會。今天你的申購案居然能得到批准，相信這有一部分是歸功於你對上司的說服力。因此，縱然你向部屬誇張地指出，你設法說服上司批准它，這不能說你完全站不住腳。可是一旦你以這種說辭答覆部屬，則足以產生兩種後遺症：第一、倘若將來你的部屬發現，你的上司並非因為接受你的說服而批准該申購案，則他們對你將產生信心危機；第二、部屬可能因為過度相信你對上級主管的說服力，而時時向你提出非分的要求。

責任之歸屬

　　王明心是你手下的一名基層主管，負責處理公司一切有關房屋抵押及投保事務。數星期前，她從國外度假回來，發覺急待處理的工作堆積如山。這包括若干重要的報告逾時未編妥、文件歸檔錯誤、以及工作紀錄填寫不周等。

　　就在王明心清理堆積如山的工作過程中，她忽視了一份價值三百萬美元的火災保險續約通知書，因此保險公司就在寬限期過後一星期取消了該份合約。其後兩星期，公司採購部門發布了「年度廠商審查報告」，揭露了火災保險並未被續約。

　　這件事不但令你氣惱，而且也令你的上司難堪。你明知整個事件都是因為王明心未能及時處理保險公司續約通知書而起，但你卻要承受上司指責之後果。如今，上司已通知你明天一早去向他說明原委。你將怎麼辦？請評估底下諸種對

策,並說明它們的利弊得失:

1. 帶同王明心一起去說明原委並接受指責。
2. 為王明心之疏忽負起督導不周之全部責任。
3. 向上司提議懲處王明心。

解 析

1. 讓我們想像一下,你帶同王明心去見你的上司時可能發生的情景:首先,你為王明心之疏忽可能導致公司蒙受鉅額損失這件事,向上司表示歉意。其次,你向上司報告,你對王明心的工作能力及工作熱忱仍深具信心,你確信類似事情以後將不會再度發生。最後,你要王明心向你的上司說明事情的來龍去脈。倘若你的上司是一位明理的人,他可能會在王明心開口之前告訴她:「妳先回去,這次面談是我跟妳的上司之間的事。很抱歉妳被帶到這裡來!」假如你的上司是一位脾氣急躁的人,在王明心離開後,他可能會狠狠地刮你一頓鬍子。很顯然地,你這位明理的上司認為,王明心的疏忽代表你督導無方。倘若你善於督導,王明心的疏忽將不致發生。固然火險續約事宜是王明心權責範圍之內的事情,她要為她的疏忽付出代價。但是在任何明理的上司眼中,你才是應受譴責的對象。

你帶同王明心接受指責的這種舉措，具有兩種嚴重的缺失：第一，你的舉措會被解釋為，你試圖將你的責任推卸給王明心，或讓王明心來分攤你的責任。第二，你創造了一個情境，讓你的上司在你的部屬面前指責你，這會陷你的上司於不義。倘若你的上司有必要了解造成這種疏忽的細節，你可另外安排王明心去見你的上司。

2. 這才是正確的態度與對策。只要你仍然擔任主管之職務，你對你的上司及公司事實上是存有這樣的一個承諾：為你轄區內的事務在管理上之成敗負起全部責任。王明心之疏失足以顯示你督導不周，因此你必須為王明心之疏失負起督導不周之全部責任。此種責任在本質上是一種連帶責任，亦即由部屬之過失所引申出來的責任。

3. 如果你真的選擇這個對策，那麼很遺憾地說，你根本忘記你是誰！王明心本身的疏失固然必須議處，但是她的疏失應被視同你督導無方所致。王明心出國度假期間，你有沒有為她任命一位職務代理人？如果有，那麼你必須責成該代理人避免堆積工作或做不妥工作。倘若你不為她任命職務代理人，那麼你本身便成為當然的職務代理人，你必須善盡職務代理人應該做到的事。王明心度假回來之後，你有責任督導她，讓

她做妥堆積如山的工作。由於你督導不周，以致王明心犯錯，你不自請處分已經說不過去，居然還想將責任完全推卸在王明心身上，這實在令人啼笑皆非！

這都是我督導不周所造成的！

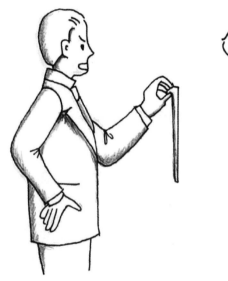

3-12

一山難容二虎

　　你手下的兩位能力高強的員工，可能因為個性的關係，本來就已經誰不服誰。最近，你發覺他們之間起了衝突，彼此的工作關係逐漸惡化。你無法袖手旁觀，而必須採取對策。請評估底下諸種對策，並說明它們的利弊得失：

1. 個別與他們私下會談並予以勸解。
2. 告訴他們自行解決問題。
3. 將兩人之中的一人調離本單位，以避免彼此間的進一步衝突。
4. 將他們一起請進你所安排的場地，設法解決他們之間的問題。

解 析

1. 這是一般人最習以為常的問題處理方式。遺憾的是，這種處理方式所產生的效果極差。倘若甲與乙兩位員工彼此互不相容，你私下與甲見面，試圖了解事情的來龍去脈。由於乙不在場，甲對自己的缺失肯定會避重就輕，而對乙的缺失肯定會加油添醋。你私下與乙見面，乙也會有類似甲的表現。在這種情況下，你顯然無法掌握事態的全貌與真象。其次，你單獨與兩人見面，你所聽到的都是難以驗證的片面之辭，因此你很容易被該等說辭所誤導。最後，你單獨與其中一個人見面，會令另一個人產生猜忌，這對既存問題之解決是有害無利的。就算你在個別私下會談場合可設法為雙方打圓場，但對化解彼此的歧見，效果不大，因為這只是一種安撫，而不是針對問題的肇因作徹底的解決。

2. 除非你認為事不關己，否則你大概不致於告訴他們自行解決或自行了斷吧！倘若你屬下的兩位員工彼此起衝突，而你竟然認為事不關己，那麼你真的搞不清楚或是忘記了你是誰！任命你為主管的那個人顯然是遇人不淑！其次，他們兩人要是能夠自行解決，你根本就不會遭遇到目前這個問題。事實上，如果你真的想逃避問題的糾纏，則最好的方法便是將問題解決掉！

3. 當然，萬不得已你也可以調虎離山。但是，調哪一隻虎呢？「為什麼不調他（我）而調我（他）呢？是不是我好欺負還是你認為我不對？」這是典型的反彈方式。倘若調得動，則結果無異於拉長戰線；一旦調不動，最後將演成逼人走路的結局！這種處理方式的主要缺失，在於未能針對問題的肇因作徹底的解決。

4. 解決任何有關人的問題，我們所遵循的基本原則是：「個別的問題採個別的途徑解決，集體的問題採集體的途徑解決。」「一山難藏二虎」顯然是集體的問題——亦即發生在兩個人的工作關係上——故將他們一起請進你所安排的場地，面對面地設法予以解決，這是最有效的對策。這項衝突之化解可採底下之步驟進行：

- 將衝突雙方約到隱蔽地方見面，述說你所觀察到的衝突行為，以及表明你的關注。

- 輪流讓每一方在不受對方干擾之下，述說己方對衝突的看法與感受。

- 主管應積極地聆聽雙方之話語。

- 令每一方均確切了解對方之觀點與感受。

- 主管指出雙方意見、觀點、動機、目標……等相同的地方，並強調雙方之相互倚賴關係。

- 令雙方提出化解衝突之意見。

- 令雙方對化解衝突之步驟或條件達成協議，並制定

追蹤日期。

- 主管應對衝突事件進行追蹤。

我們固然不敢說，按上述之步驟化解人際衝突一定可以產生良好效果，但是我們卻敢說，採用上述之步驟化解人際衝突要比不採上述步驟，足以產生更好的結果。

員工問題之診斷與處理

3-13

我的上司制止我懲處我的一位部屬，怎麼辦？

我有充分的理由必須懲戒一位頗受器重的部屬，但是我的上司卻制止我這麼做，因此整個部門的士氣問題隨趨嚴重。你說我該怎麼辦？請評估底下諸種對策，並說明它們的利弊得失：

1. 坦誠地向上司表白，要求他不要過問你轄區內的事，而由你全權處理。

2. 為這位部屬做心理輔導，並設法令他改正不良的作為。凡事從長計議。你的上司與其他部屬，將會尊重你這種具建設性與理性的舉措。

3. 這一次不計較，但為「下一次」先作工夫。與你的上司一起尋求一個你和他都能接受的懲戒措施，以它來規範部屬的行為，及避免上司再次插手干預。

4. 堅持自己的立場並且據理力爭。上司與你必須找出一種方法，來令這位部屬就範，否則在部屬面前你的威信將因而蕩然無存。

解 析

1. 上司之插手干預你這一次的懲戒行動，顯然是因為他並不認同你的懲戒措施所致。上司之所以不認同你的懲戒措施，可能是導因於他偏袒這位頗受器重的部屬，也可能是導因於你的懲戒措施不具說服力。不管原因是出自哪一個，你都無法讓他罷手。其次，要求上司不過問你轄區內的事，實質上也是不對的。你的上司要向他的上司負起包括你的轄區在內的管理成敗的責任，他雖然不應對你掣肘，但他卻有權過問你轄區內的事。你若採這種對策，不但於事無補，而且還會造成你與上司之間的嚴重對抗。

2. 實事求是地說，你無法違抗你的上司的意志。你若能為這位部屬做心理輔導並設法令他改正不良作為，則在長期下你必可贏得上司與部屬的尊敬。不過，一旦你無法改正該部屬之不良作為，你將斷送其他的部屬對你的尊敬與尊重。

3. 要你自我壓抑，不再計較部屬的過失，顯然不是一件容易的事。但鑒於上司之介入，你除了無奈地接受它

或忍受它,你還可以將它當作維護上司顏面的一種必要的舉措。不過,你若能藉著這一次之不計較,來換取上司承諾下一次該部屬若有同樣的過失,你將對他施加什麼樣的懲戒,則你至少已獲致兩種成就:第一、讓該部屬有所警惕;第二、避免上司再度之干預。

4. 堅持立場並據理力爭,這樣做將促使你與部屬間的問題轉變成你與上司間的問題。假如你的「堅持」與「力爭」得逞,你的作為不僅令上司的威信蕩然無存,而且還令上司認為你抗命。反之,一旦你的「堅持」與「力爭」不得逞,你將承受三種惡果:第一、自己顏面盡失;第二、你對那位犯錯的部屬逐漸失控;第三、自己與上司之關係將惡化。總之,與自己的上司冥頑對抗,其結果總是不利於自己!

3-14

上司建議我將某項重要的任務交給我手下的一位成事不足、敗事有餘的部屬去執行，怎麼辦？

　　你屬下的老張是一位能力高強且負責盡職的人。不過，不知為什麼你的上司卻不太喜歡他。最近你的上司指派了一項重要的任務給你，並建議你交給你屬下的老李去執行。但是你明知老李是成事不足、敗事有餘的人，面對這種情況你該怎麼辦？請評估底下諸種對策，並說明它們的利弊得失：

1. 按上司的指示，將工作交給老李去執行。等老李敗壞事情之後，上司將不會再為你份內的工作亂出點子，甚至會更尊重你的意見。

2. 向上司鼎力推薦老張去執行該項任務。

3. 既然這項任務那麼重要，上司又指名要那位老是敗壞事情的老李去執行，你只好名義上將它交給老李，但實際上卻由你親自將工作承擔起來。

解 析

1. 乍看之下，這是一箭雙鵰的作法，因為一來你完全遵照上司的旨意將工作交給老李去辦，二來當老李敗壞事情之後，你又可讓上司取得教訓，使他將來不敢隨便干擾你職掌範圍內的事。可是，實質上這是一種既不負責又不聰明的作法。原因有二：第一、管理者的基本職責在於成事。然而你在目前所運用的對策中，並未完成上司指派的事情。姑且不論你的處境有多艱難或有多無奈，你將被視為一位不稱職的主管！第二、老李敗壞事情之後，你千萬不要心存僥倖，以為上司將會自我檢討，爾後不再為你份內的工作亂出點子。擁有這種修養工夫的上司極不多見！在絕大多數情況下，當老李敗壞事情之後，上司反而會責怪你盲目服從——明知老李成事不足、敗事有餘，卻仍然將工作交給他承擔！

2. 這是正確的處事方法。倘若你能說服上司接納老張，結果將會是這樣的：第一、上司交辦的任務順利地被完成。第二、你將被視為一位稱職的主管。第三、上司對老張的印象將可因而獲得改善。第四、老張對你會更加尊重。但若你無法說服上司接納老張，則請參閱本解析的附註二。

3. 這固然也是成事的一種方法，可是這種方法卻含有兩

種嚴重的後遺症：第一、你不但不借重屬下的力量做妥事情，反而把屬下能夠做妥的事情親自承擔過來。換句話說，你不僅不將自己定位為足以借力使力的管理者，反而將自己貶低為事必躬親的操作者。長此以往，你的工作負荷必定非常沉重，你的屬下將會處於某種程度的閒置狀態，而你的部門績效也將萎靡不振。第二、由於上司跟老李之間可能有某些特殊關係，因此當上司得知你不將他指派的工作轉交給老李承做，他可能會責怪你陽奉陰違。

附註一：本個案中的上司，是一個情況極為嚴重的問題上司。他指派任務給你，又向你「建議」特定人選來執行該項任務，這顯然是一種掣肘的行為。只要你稍具警覺性，你將不致於天真到把上司的「建議」當成「僅供參考」，而會將它視同「命令」或「聖旨」！這樣的問題上司，雖無越級指揮之名，卻有越級指揮之實，你要小心應付！

附註二：固然鼎力推薦老張去執行上司所指派的任務，是上上之策，但若你的說服力不夠，上司依然「建議」你將該項任務交給老李去執行，此時你該怎麼辦？一個可行的方法是：遵照上司之旨意，將它交給老李負責，但指派老張協助老李。等到任務完成後，你再向上司表明，該任務之完成，老張之貢獻莫大焉！

附註三：你的部門內，如果長期存在著類似老李那樣成事不足、敗事有餘的員工，終極來說這還是你的責任，因為這極可能是你用人不當、培訓不足、或督導無方所造成！

3-15

員工之私人問題

　　你最近發現屬下蕭士良情緒不穩。他對同事時時動怒。於是，你向周圍的同事打聽他情緒不穩的原因。結果有人提供了線索，原來蕭士良最近發生了一連串的家庭糾紛。身為主管，你該怎麼辦？請評估底下諸種對策，並說明它們的利弊得失：

1. 按兵不動，因為時間可以醫治蕭士良心靈之創傷，到時他將回復常態。
2. 與他談論他最近的行為與工作表現。告訴他，你知道他正受某些事情所困擾，並問他是否需要你之任何幫忙？
3. 與他談論他最近的行為與工作表現，但不要讓他知道你已察覺他的私人問題。

4. 與他談論他最近的行為與工作表現，但不涉及他的任何私人問題，因為這些私人問題不是你所感興趣的，也不是你所應插手的。

解 析

1. 倘若你抱持「以不變應萬變」之心態，袖手旁觀等蕭士良回復常態，你將是一位不折不扣的「問題迴避者」。蕭士良本身情緒不穩，又時時對同事動怒。在這種情況下，不但蕭士良的行為已違背組織的要求，而且整個部門的工作績效也受到不利的影響。身為主管，你怎能視若無睹，置若罔聞？更何況員工在心靈受創之際，上司表現出不聞不問的態度，這在人情上也是說不過去的。

2. 這是過問員工私人問題的最佳策略。你先從員工反常的行為或低劣的工作表現切入。這樣做最不具爭議性，因為你有權利也有責任要求員工維持某一水準的行為與工作表現。接著再告訴該員工，你已察覺他正受某些問題所困擾，並問他是否需要你提供任何幫忙。這樣做具有底下五種好處：第一、你對身心困頓的員工顯示應有的關懷與體恤。第二、你並不武斷地認定他正受私人問題所困擾，這可避免侵犯他的隱私權。第三、你主動伸出援手，但並不強迫他接受。第

四、你很技巧地向他暗示，不論他願不願意接受你的幫忙，他反常的行為與低劣的工作表現有必要設法改進。第五、假如他願意接受你的幫忙，而且你也有能力幫他，這樣可以促使他的問題及早獲得解決。在這種情況下，你、他、以及整個部門都將因此而受惠。

3. 身為主管，你當然有權利，也有責任過問員工不良的行為與低劣的工作表現。但是，你若刻意迴避可能導致這種不良的行為與低劣的工作表現的私人問題，則足以產生兩種缺失：第一、受困擾的員工可能認為你太不近人情；第二、除非員工主動提及他的問題，否則你將失去施以援手的機會。影響所及，他的不良的行為與低劣的工作表現將無法儘早改進。

4. 主管可否過問員工之私人問題，胥視該私人問題是否有礙組織成員工作之履行而定。由於組織賦與主管之權力只能運用於工作領域中，因此只要員工之私人問題，不足以影響員工本人或組織內其他成員之工作，則原則上主管不但沒有理由而且也沒有權利過問。一旦主管在上述情況下過問員工私人問題，將構成對員工隱私權之侵犯。反過來說，倘若員工之私人問題妨礙了員工本身或組織內其他成員工作之履行，則主管不但有權利過問，而且有責任非過問不可。

附註：倘若你過問員工之私人問題，或員工主動向你提及私人問題，希望你能遵守底下四項處理原則：第一、不要提供你沒資格提供之意見或忠告——除非你是投資顧問，否則不要隨便向員工建議應購買哪種股票；除非你是社會工作者或心理治療家，否則不要隨便充當員工家庭糾紛之顧問。第二、不要硬將有幫助於你的人、事、物推薦給員工，員工有權自行選擇。第三、不要輕易地與員工發生金錢上的往來。第四、對員工之協助應儘量限於提供有利解決問題之條件，避免越俎代庖——員工有家庭問題要照料，主管可酌情給予彈性之上下班時間；員工之婚姻觸礁，主管可推介婚姻問題專家給予輔導；員工遭遇經濟困難，主管可依循「救急但不救窮」之原則，設法讓員工預支薪水、要求公司提供無息或低利貸款、甚至例外性地發動樂捐以幫助員工渡過難關。

3-16

提升員工所導致的後遺症

最近吳文虎提升了一位部屬王有佳。數日後，另一位部屬廖曉忠跑來對他說：「不知道您可不可以告訴我，為什麼王有佳能被提升？我比他在本公司待得更久，我認為在決定提升員工之前，我並未被列入考慮。希望您能告訴我，提升王有佳的真正理由。」

假如吳文虎的答覆是這樣的：「王有佳之所以被提升，主要是因為，我們發覺他對工作顯示高度之興趣與熱誠，以及在工作表現上，他做得比我們所期待的更好。此外，他受過良好的教育與訓練，未來他對公司的潛在貢獻頗大。我們認為就目前考慮，他是最適宜提升的人選。」

你認為吳文虎的答覆是否完善？何故？

（1）是。

（2）否。

解 析

　　吳文虎的答覆顯然不夠完善。理由有二：第一、當廖曉忠問及：「為什麼王有佳能被提升？」他其實也問：「為什麼我廖曉忠卻不被提升？」倘若吳文虎只針對前一個問題作出答覆，則不管其答覆有多周全，他都沒有滿足廖曉忠內心的真正需要。一位善於聆聽的人，不但能夠聽到講出口的話語，而且也能聽到未講出口的話語——亦即弦外之音。就這一點來說，吳文虎不是一位善於聆聽的人，因此他的答覆也就不夠完善。第二、儘管吳文虎的答覆頗為理性與婉轉，但廖曉忠聽來，這種答覆無疑地是拿王有佳跟他作不利於他的對比。底下是廖曉忠可能發出的回應：「王有佳對工作顯示高度之興趣與熱誠，那我廖曉忠難道對工作就不顯示高度之興趣與熱誠嗎？」「王有佳在工作表現上能做得比主管所期待的更好，那我廖曉忠在工作表現上難道就不做得比主管所期待的更好嗎？」「王有佳受過良好的教育與訓練，那我廖曉忠難道就沒受過良好的教育與訓練嗎？」「王有佳未來對公司的潛在貢獻頗大，那我廖曉忠未來對公司的潛在貢獻難道就不大嗎？」上述的對比，實在很難令得不到升遷機會的廖曉忠感到服氣。

　　俗語說：「人比人，氣死人。」為了避免掉進人際對比的窠臼，主管應從升遷制度入手，以消除提升員工之後所可能導致的後遺症。主管平時應對員工宣導公司現行的升遷制

度，亦即升遷所考慮的因素是哪一些，以及每一種因素所占的比重有多大。主管務必要讓每一位員工對升遷制度擁有確切的了解。在升遷決定發布之後，一旦有人對升遷結果質疑或反彈，主管可以藉升遷制度作必要的解釋與安撫。就上述的個案來說，吳文虎可以對廖曉忠作類似下面的解釋與安撫：「根據我們一再宣導的現行升遷制度，你們這個階層的員工升遷所考慮的因素為業績表現、工作配合度、出勤率與年資等四種，而每一種因素所占的比重，分別為40%、30%、20%與10%。王有佳此次之所以被提升，是因為他在四種因素的考量下獲得最好的整體評價。至於你此次所以沒被提升，那是因為在同樣四種因素的考量下，未能獲得最好的整體評價。使得你無法獲得最好的整體評價的原因，是來自業績表現與出勤率。此後，你若能改進業績表現與出勤率，則整體的評價必定會改善，而且升遷的機會也必然會提高。希望你繼續努力！」

上述的答覆具有兩種好處：第一、讓廖曉忠與王有佳分別都與客觀的標準作比較，而避免作兩人之間的直接對比；第二、明確地向廖曉忠指出此後的努力方向，以供他遵循。

假如廖曉忠與王有佳是兩位被看好的提升人選，而管理當局最後決定把升遷機會給與王有佳。在正式發布升遷的決定之前，管理當局最好能將該決定事先私下知會廖曉忠，以展現對廖曉忠最起碼的尊重。

3-17

事必躬親

　　張柏村在過去兩年一直是某工廠之領班。他手下共有八位作業員。他是深信凡事必須躬親為之的人。他對手下八位作業員所履行的工作均十分熟悉。他深信他要比任何一位作業員之工作效率為高。只要任何一位作業員無法在限定期間內完成工作，張柏村隨時會提供必要的協助。基於此，這一群作業員在張柏村的領導下，士氣高昂，工作成效卓著。

　　由於張柏村的表現良好，上司乃晉升他為總領班，並讓他直接督導五十位作業員。在新的工作場所裡，這五十位作業員被分散到工廠大廈的第六、七、八樓工作。張柏村仍以舊有的方式督導作業員──即協助力不從心或臨時發生困難的作業員工作。張柏村日以繼夜地工作，他在三個樓面之間爬上爬下。但作業員經常感到，真正需要他幫忙時他都不在場（例如，第六樓的作業員需他幫忙時，他卻置身於第八

樓）。

張柏村開始感到迷惘，他似乎從無機會坐下來靜靜地思考他的處境。最令他大惑不解的是，在晉升之前他的工作表現極優，而現在即使每天工作十小時，結果還是事倍功半。他感到擔心的是，情況若無法改進，他遲早會被調回原職，甚或遭到解聘。他經過思考，總共歸納出下列諸種問題：

- 他的部屬皆不富工作經驗，也不特別能幹，因此若授權給他們無異乎自找麻煩。
- 最近的工作量大到使他吃不消。
- 最近的一次考績顯示，他的工作表現不佳，如果不及時改進，後果堪虞。

擺在張柏村面前的似乎只有底下五種對策，請評估這五種對策，並說明它們的利弊得失：

1. 要求上司把他調遣到員工較少的單位去。
2. 淘汰一些工作表現較差者，並訓練一些工作表現較佳者，以提高員工之素質。
3. 即令部屬中沒有特別能幹者，他仍值得冒險將一些任務授權給能力較佳之部屬履行。
4. 要求上司接管他所督導的一部分工作。

5. 要求上司指導有關提升他個人工作績效的方法。

解 析

1. 假如一個人為了往上爬三步，而刻意地先往下退兩步，顯而易見地，這種作為是運籌帷幄的結果。可是，當一個人在毫無預警的狀態下，迷迷糊糊地被推向高處三步，結果卻因為本身無力支撐而被迫向下退兩步，這種處境是極其危險的。張柏村在晉升之後之所以施展不開，主要是因為他事必躬親——包括躬親處理部屬份內的事！就算上司把他調遣到員工較少的單位去，他的處事方式依然不會有任何改變！其次，「把他調遣到員工較少的單位去」的這種請求，等於向工廠內的同仁宣稱，上司知人不明，所以誤升他為總領班。這樣做，將會令上司感到難堪。

2. 為提高員工素質而採行淘汰及訓練措施，一般說來是適切的。但是就張柏村而言，這種措施卻行不通。他每天都忙於處理每一個人的事情，他從來不曾提供機會培植部屬或讓部屬施展所長。因此，他根本就不知道部屬工作表現之好壞。在這種情況下，他將如何決定哪些人應被淘汰？哪些人應被施以訓練？

3. 這是最正確的舉措。張柏村是一位不敢借力使力的人。他藉著貶低部屬的能力來為自己事必躬親的作風

提供辯護。在他未能針對部屬的能力做出評估之前，一口咬定部屬能力不佳，這是掩耳盜鈴、不負責任的作為。授權有如游泳那樣，只有透過實作才能學會與學好，儘管它會有一定之風險。

4. 儘管這是張柏村解決目前困境的一種方法，但它卻非理想的方法。將份內的工作推給上司承擔——此即所謂的反授權（Reversed delegation）——是不足為訓的。只有懦弱的上司才會接納部屬的反授權。其次，張柏村果真要求上司接管他所督導的一部分工作，這樣做無異於顯示，提升他為總領班的決策是錯誤的。這對張柏村本人及提升他的上司都是不利的。

5. 這是正確的做法。部屬遇到難題，請求上司指導，是天經地義的事。從另一個角度來看，今天張柏村的遭遇，可以反映公司對他提供的儲備訓練嚴重不足。倘若張柏村被提升之前，能被教導有關總領班所應具備的一些技能（尤其是授權技能），則情況可能完全改觀。

3-18

實質與形式孰要？

你手下的蔡明元是剛從國外回來的青年才俊，他負責專案管理工作。你交給他的第一項工作，是研擬節約能源之可行方案。他在六個星期之內完成了該方案之研擬工作。你對他的工作品質甚表激賞。為了令該方案能被上級接納，你要求他撰寫一份簡介該方案的陳述稿，作為向上級從事口頭報告時的補充資料。

當蔡明元交來陳述稿，你發現該陳述稿不但措辭欠佳，而且說理不清。你遂請他設法改進，但他卻頗不以為然。他的理由是：既然方案本身的品質甚高，則上級採納它是必然的事理，何必浪費時間去推銷它！

你明知，只要能講求作簡報的技巧，上級對蔡明元所研擬的方案極可能會採納。反之，如根據他的陳述稿作簡報，則該方案肯定沒有可能被上級所採納。令你頭痛的是，蔡明

元非常固執，不願接受你的意見。面對這種情況，你怎麼辦？請評估底下諸種對策，並說明它們的利弊得失：

1. 讓他按照他自己的陳述稿去作簡報。
2. 與他一起改寫陳述稿，並設法令他在你面前演練如何作簡報，直到你認為滿意為止。
3. 讓他按照他自己的方法做簡報。必要時，你自己隨時從旁為他作補充或修正。
4. 你自己幫他作簡報。等簡報作完之後，在上司面前指出，整個節約能源方案都是蔡明元所草擬的。

解 析

1. 你明知按照蔡明元的陳述稿去作簡報，他的節約能源方案肯定無法被上級採納，而你卻拱手讓他去當砲灰，這是極度卑劣的任用失當的作為！身為主管，你不但沒有成事，反而敗事，這在任何情況下都是說不過去的！其次，蔡明元可能會因為這一次的打擊而萬念俱灰！
2. 這是實事求是的作法，但卻不甚理想。原因有二：第一、這種作法極度費時費力。第二、這種作法對一般成年人而言尚且不適切，更何況對蔡明元這樣心存抗拒的才俊！事實上，蔡明元所真正需要的是一些良好

的觀念啟發與簡報示範。

3. 這種作法含有四種嚴重的缺失：第一、你的補充與修正會令蔡明元感到尷尬不已。第二、你的作為足以引起上級認為你有掠美與邀功之嫌。第三、一個人能做妥的工作卻要花費兩個人的工夫，這顯然是不經濟的。第四、上級會誤認該方案仍不夠成熟，否則在簡報過程中將不用頻頻補充或修正。

4. 這是最理想的一種作法。它具有五種好處：第一、促使節約能源方案受到上級所採納；第二、讓蔡明元受到上級主管之器重；第三、給蔡明元提供一次良好的觀念啟發與簡報示範；第四、改變蔡明元的成見；第五、提升蔡明元對你的尊重程度。

附註：有兩位英美人士對教導（尤其是教導成年人）具有卓見，茲介紹如下：

「教導成年人任何事情，是絕頂地困難。但是，創造條件讓人們去訓練自己，則是相對地容易。」

約翰‧哈維—瓊斯爵士（1924～2008）

英國傳媒經營者

"It's extremely difficult to teach grown-up people anything. It is, however, relatively easy to create conditions under which people will train themselves."

Sir John Harvey-Jones

「平庸的老師：告訴。好的老師：解說。卓越的老師：示範。偉大的老師：啟發。」

威廉・阿瑟・渥德（1921～1994）

美國勵志作家

"The mediocre teacher tells. The good teacher explains. The superior teacher demonstrates. The great teacher inspires."

William Arthur Ward

以上兩位人士對教導之卓見，頗有助於我們對本個案之解析。

3-19

專案工作人員之甄選與督導

問題一、

　　上司將某項重要的專案工作託付給你。你深感榮幸，但卻十分惶恐，因為這項專案工作只許成功，不許失敗。你的首要舉措，在於甄選人員參與是項工作。在甄選人員之際，你所依據的衡量標準是什麼？請評估底下諸種標準，並說明它們的利弊得失：

1. 選擇你喜歡的人作為成員。
2. 選擇向來工作表現最優異的人作為成員。
3. 根據專案工作之目標，選擇對達成該目標最有貢獻的人作為成員。
4. 選擇你最容易控制的人作為成員。

問題二、

　　在該專案工作進行過程中，你感覺成員之間欠缺團隊精神。你認為你必須採取適切的行動，以增進他們之間的合作性。請評估底下諸種行動，並說明它們的利弊得失：

1. 對所有成員發表激勵士氣的演說。
2. 個別與每位成員交談，並設法激勵他們。
3. 要求訓練部門對該等成員實施有關提升團隊精神之訓練。
4. 將所有成員聚集在一起，諮詢他們對於提升團隊精神之意見。

問題三、

　　假如你預估該專案工作將無法如期達成，為了趕進度，你勢須採取應變措施。請評估底下諸種應變措施，並說明它們的利弊得失：

1. 找那些最樂意幫忙別人的員工來協助。
2. 自己拚命加班以追趕進度。
3. 要求與你最合得來的同僚協助。
4. 選擇那些因參與是項專案工作，而最能受益的部屬前來協助。

解 析

問題一、

1. 專案是一種通常不會重複出現的獨特任務。這種任務需要具備特定專長與特定屬性的人才能承擔。選擇你喜歡的人作為專案成員，固然可以使你享有眾星拱月般的自在與滿足，但這些人未必具有專案工作所需的專長與屬性！

2. 儘管向來工作表現最優異的員工，極可能是最可靠的員工，但是他們未必完全適合需要具備特殊技能的專案工作！

3. 管理是以目標之實現為導向。因此，在甄選人員從事專案工作時，應以「是否有助於專案目標之達成」為取捨標準。倘若能夠選擇對專案目標之達成最有貢獻的人作為成員，則該專案工作之成功才可期。

4. 假如你一開始就想到，以你最容易控制的人作為專案成員，這表示你正面臨管理上的困境，因為有些人員是你控制不了的。其次，你最容易控制的人，未必適合該專案工作！

問題二、

1. 團隊精神之欠缺，絕非事出偶然。倘若不找尋其肇因，並對症下藥，問題定然無從解決。對專案的所有

成員發表激勵士氣的演說，有如服食維他命那樣，雖有滋補之作用，卻無治病之效果。

2. 團隊精神欠缺，是員工與員工之間的一種集體問題。集體問題只能透過集體途徑解決。個別與每位成員交談並設法予以激勵，雖然足以表白你對成員之尊重以及你對問題之關切，但是對於團隊精神之提升並無助益可言。

3. 提升團隊精神的訓練，如果實施得法，確實有助於成員對團隊之認同，以及增進成員之間的合作性。

4. 將專案的所有成員聚在一起，並向他們諮詢有關提升團隊精神的意見，這是效果最佳的舉措。原因有二：第一、你是專案負責人，由你出面整合，足以顯示你對專案的執著與誠意。第二、你可獲致增進團隊凝聚力的第一手資料。

問題三、

1. 找最樂意伸出援手的員工協助，固然可以應急，但這些人未必具有專案所需的專長，他們也未必能從參與的專案中得到好處。

2. 這是事必躬親的管理者的典型作風。這樣做，在某一限度內或許有助於進度之追趕，但卻顯然不利於團隊精神之提升。

3. 要求與你平起平坐的同僚來協助,未嘗不是應急的一種方法,但你卻怠忽了職權之行使——借重部屬的力量以成就事功。

4. 這是最理想的應變措施,因為一來這些部屬可以幫你追趕進度,二來他們也可以因而獲得個人成長。

找誰負責捐款工作？

　　你必須在手下的部屬之中，找出一位出面負責規劃及執行某種募捐款項運動。不用說，沒有哪位部屬喜歡擔當這項工作。經你仔細過濾，終於決定從底下三個人之中，選擇一個負責該項工作：

1. 老張——你的副手，他從來未曾樂捐過一毛錢。
2. 老李——你的一位負責文書工作的幕僚，他曾裝病參加舞會。
3. 老趙——你手下的一位專案經理，他來公司報到不及一個月，他對你的命令不很當一回事。

　　為了令捐款工作能夠作妥，也為了令你的良好主管形象能夠樹立起來，你應該選擇哪一個人負責捐款運動？原因何在？

解　析

1. 指派從未捐過一毛錢的「鐵公雞」──老張──負責捐款工作，或可滿足一般人喜愛諷刺的心理需要。有如中小學時代，我們常常喜歡推舉不重整潔的人充當班上的衛生股長，不守規矩的人充當風紀股長那樣。但是，既然是樂捐，則任何人（包括老張在內），都有權決定是否捐款！倘若只是因為某人曾經一毛不拔，就指派他負責捐款工作，這未必是一種明智的選擇。理由是：我們既無法確知這種人能否做妥捐款工作，我們亦無法判斷找這種人負責捐款工作，能否有助於你良好主管形象之樹立。

2. 曾經裝病參加舞會的老李，可能比較靈巧，也可能比較善於推諉塞責。我們無法根據這一事件來判斷老李到底是不是適當人選。

3. 老趙肯定是適當人選。理由有三：第一、作為你部門內的一位成員，老趙跟老張與老李一樣擁有相等的機會被當作考慮的人選。第二、捐款運動是難得一見的專案工作。身為專案經理，相信老趙要比老張與老李更具專業素養。第三、既然老趙來公司報到不及一個月，就對你的命令不很當一回事，你應該趁捐款的這個機會扭轉他目中無你的作為。你指派他負責捐款工作，並提供必要的督導與支援。倘若他不辱使命，則

給予適切的獎勵，這樣相信可將他收編在你的麾下；但若他不將你指派給他的捐款工作當一回事，則給他顏色看（包括譴責、警告或其他方式之處分），這樣將可收一箭雙鵰的效果（即一來讓他做妥捐款工作，二來讓他對你展現應有的尊重）。有些主管往往都犯這樣一個嚴重的錯誤：拒絕指派工作給喜歡抗命的員工。這樣做，將導致該等員工之抗命行為愈趨嚴重。基於「行為是行為後果的函數」，倘若員工抗命（這是一種行為）之後，其工作負荷反而減少（這是一種行為後果），則員工為了繼續享有他自認為甘甜的行為後果（工作負荷之減少），將強化足以導致該種行為後果之行為（抗命）！

　　附註一：國內一般機構在推動樂捐工作時，均由職位最高者在記事本上簽寫某一特定金額，然後將該記事本輪流交給職位較低者簽寫。這種作法含有兩大缺失：第一、職位較高者，不論其樂捐意願及樂捐能力如何，通常均作較多的捐獻，反過來說，職位較低者，不論其樂捐意願及樂捐能力如何，通常均作較少的捐獻。第二、既然列冊簽寫金額，則在群體動力的影響下，大概少有人敢於不簽寫。以上兩種缺失，促使「樂捐」變「不樂之捐」。西方人常用的樂捐方式值得我們參考：即由發動樂捐者指定，在某一時段內，請樂

捐者以不記名方式，將樂捐的款項投入特定信箱或交付特定專人。

　　附註二：根據古史之記載，姜太公輔佐周文王的時候，曾經建議攻打密須國。周文王的兒子反對說：「密須國的國君精明能幹，先打他並不好！」姜太公說：「要樹立威勢，就要先打強大的、不服從的國家。」這一件事可用以支持本個案選擇老趙的原因。

3-21

員工粗心大意，怎麼辦？

　　「員工太過粗心！」這句話常常被管理者用來解釋工作現場上的意外與錯誤。這是令人深感遺憾的一件事，因為「粗心」往往是「病症」的掩飾語。倘若管理者將意外與錯誤歸因於粗心，則無法對症下藥，解決問題。

　　隱藏在「粗心大意」背後的是許多人為的疏失。請問：這些人為的疏失是什麼？

解 析

　　根據經驗，隱藏在「粗心大意」背後的人為疏失，至少包括下列二十一項：

- ・員工不聽從指示
- ・員工不遵守規章

- 員工不採行安全的工作方法
- 員工不依據標準程序工作
- 員工不關心自己的所作所為
- 員工對即將發生的事物無心理準備
- 員工不佩帶個人安全裝備
- 員工對個人行動不做思考與計劃
- 員工不考慮自己的行動所可能導致的後果
- 員工不知道自己的體能極限
- 員工體能不能適應工作所需
- 員工不具備工作所需的技能
- 員工不了解材料強度之極限
- 員工不了解化學物品之性能
- 員工使用工具或設備之方法不正確
- 員工不具備工業安全知識
- 員工不運用研判力
- 員工不了解機器的性能
- 員工不用腦筋
- 員工偷懶
- 員工故意採取破壞行動

　　以上各個項目雖然未能盡括隱藏在「粗心大意」背後的所有原因，但它們卻是最具代表性的原因。它們除了可以幫

助管理者鑑定員工「粗心大意」的真正原因，尚可幫助管理者探求解決之道。例如，一位員工表面上粗心大意，如被認定係因「不聽從指示」而起，則管理者將可藉助底下之問題探索解決途徑：「員工為何不聽從指示？」「是否指示本身不夠明確？」「是否有哪些外在因素促使員工無法聽從指示？」「當外在因素發生後，員工是否儘快請示上級採取對策？」

3-22

訓練很貴？

　　一般企業對先進的硬體設備、尖端的科技產品、炫耀性的形象設計、甚至譁眾取寵的活動等，往往都不惜代價、千方百計地設法引進，但對企業盛衰興亡所繫的人力資源卻吝於投資。就拿訓練這一項投資來說，在景氣良好、業務興隆的時候，經營者無不忙於趕工或出貨，根本無暇顧及員工的訓練！在景氣不佳、業務萎縮的時候，經營者無不設法撙節開支、控制成本，根本就捨不得花錢實施員工之訓練！就算有些企業情願支付代價為員工實施訓練，可是卻擔心訓練好了之後，這些員工可能會飛掉。在經營者的這種心態下，員工之訓練往往成為企業經營過程中聊備一格的活動！請問：訓練真的很貴嗎？訓練真的不是企業經營者所需重視的一項投資嗎？

解 析

　　一談到訓練，許多企業經營者馬上就聯想到它的代價。因此，像「訓練很貴」這種說辭，乃成為此起彼落的怨言。很遺憾的是：訓練確實很貴，但若不實施訓練，則企業所要支付的代價將更為昂貴！

　　訓練的代價，並不是指為了訓練你要付出多少，而是指如果你不實施訓練你要付出多少。有些企業經營者不斷地在抱怨，把員工訓練好了之後，他們之中有些會飛掉，難道要自己去為別的機構支付訓練費用嗎？這種抱怨不能夠成為不訓練員工的藉口。固然你把員工訓練好了之後，他們之中有些會飛掉，但若你不訓練他們，則飛掉的可能更多，而且該飛掉的不飛掉，不該飛掉的卻飛掉了，以致造成人才反淘汰——亦即一般人所謂的「劣幣驅逐良幣」。

　　某位不知名的企業人士曾說過這樣發人深省的話：「財務長問最高執行長：『假如我們投資於培養我們的員工，其後他們卻離開我們，那會怎麼樣？』最高執行長的答覆是：『假如我們不培養他們，他們卻留下來，那又會怎麼樣？』」（"CFO asks CEO：What happens if we invest in developing our people and then they leave us？ CEO：What happens if we don't, and they stay？"）

　　英國Virgin Group董事長李查‧伯朗森（Richard Branson, 1950～）給人才反淘汰提供了如是的解決途徑：「要將員工

訓練得足夠好，以便他們可以離開；要對待他們足夠好，使得他們不想離開。」（"Train people well enough so they can leave, treat them well enough so they don't want to."）

哈佛大學是世界學費最昂貴的學府。有許多人對哈佛大學的學費抱怨連連，逼得前哈佛大學的校長德瑞克・柯蒂斯・卜克（Derek Curtis Bok, 1930～）站出來說：「假如你認為教育是昂貴的話，你不妨嘗試評估無知的代價有多大。」（If you think education is expensive, try ignorance.）儘管德瑞克・柯蒂斯・卜克所指陳的是教育，但是他的話也適用於提升技能所賴以的訓練。

其次，值得向企業界從業人士提醒的是：學歷不等於學問。事實上，學問重於學歷。我們固然不敢像若干日本人那樣極端地認為學歷無用，但我們卻認為應該讓學歷發揮提升學問的功能。在這裡，所謂的學問是泛指知識、見識與膽識。至於所謂的學歷，則不限於入行之前的正式學歷。事實上，入行之後所累積的新學歷（包括各種型態的長短期訓練）才更為重要。我們看過許多有良好正式學歷背景的人，在他們入行之後不再求長進，他們很快就折舊光了。反觀有些欠缺良好正式學歷背景的人，不斷地設法自我提升，他們的學問將隨他們持續的追求而精進。因此，儘管企業經營者有權選擇不對員工實施訓練，但是上進心強烈的從業人員卻無權選擇不自我訓練！

3-23

如何善用外界之訓練課程？

近年來，由於我國經濟發展升級，企業界對經營知識與管理技巧之追求日益殷切，致使許多以提供訓練課程為主的機構——特別是管理顧問公司——紛紛應運而生。這是一件可喜的事。

企業選派員工參加外界訓練課程，基本上是針對人力資源而從事的一項投資。由於這項投資所承擔的風險與成本極大，因此企業不能不刻意講求它的終極效益。

請問：怎樣才能促使這項對人力資源投資之效益超越它所承擔的風險與成本呢？

解 析

為了讓派員參加外界訓練課程之效益超越它所承擔的風險與成本，請參考底下六個原則性的建議：

154　員工問題之診斷與處理

一、應針對實際需要而派員受訓——企業千萬不要為了趕時髦、或是為了酬庸員工而派員受訓。派員受訓的兩個可以被接納的理由：（1）員工的當前工作表現有待改進，且有可能予以改進時，才派遣他們去受訓；（2）為了令員工能勝任可預見的未來的較重要工作，而派遣他們去接受這種工作所需的技能訓練。

二、應事先評估訓練課程之良莠——訓練課程之良莠主要係取決於課程本身之實用性、課程主持者之素養、以及課程之設計是否提供交流經驗和參與討論之機會。這即是說，太過強調理論的課程、欠缺專業訓練與經驗的人士所主持的課程、以及只作單向灌輸的課程，大致上都不會是良好的課程。目前我國尚少專門提供「訓練課程評估與徵信服務」的機構，因此派員受訓的企業，大概只能採取下列兩種途徑以從事課程之先期評鑑：（1）向經常派員參加外界訓練課程的企業諮詢；（2）要求企業內每一位參加過外界訓練課程的員工，提出書面的課程評估報告，以供企業作為是否繼續選派員工參加同一課程之參考。

三、課程的水準應與員工的程度相稱——太淺的課程對受訓的員工來說，不但沒有助益而且會令他們感到

平白地浪費時間與精力；反過來說，太深的課程不但無法令員工吸收新知，而且會令他們喪失自信心。因此，課程水準應與員工的程度相稱，亦即課程之難度最好是不要逾越員工所能掌握的極限。

四、不應勉強員工接受訓練——有些員工並不認為訓練足以產生實效，有些員工則根本不願意置身於外界的訓練環境之中。倘若勉強這些員工去受訓，可能會迫使他們產生挫折感。這是百害而無一利的。西諺說：「你可以牽馬到水邊，但你卻無法勉強牠喝水。」這句話具有相當的道理。

五、應針對參加訓練的員工作簡報——企業應令即將接受訓練的員工了解：他們何以被選派參加訓練、訓練課程的內容如何、他們將由這個訓練獲致什麼好處、以及受訓期間他們份內的工作將如何處理。在進行這一種簡報時，下列事項應特別提及：（1）企業派遣他們去受訓，旨在增進他們的技能，這並不暗指企業對他們當前的工作表現有所不滿；（2）告訴他們，在受訓期間應全心全力學習，而不應該對原有的工作進行遙控；（3）讓他們了解，他們對受訓課程的反應與評價，將足以影響企業經營者未來是否繼續派遣員工去接受同一課程之訓練。軍隊為了獲致戰果，在作戰之前必須舉行作戰簡報。企業

為了確保投資的效益，在派員受訓之前為什麼不舉
行訓練簡報？

六、應正視訓練成果——除了若干技術性課程之外，幾
乎沒有一種訓練足以產生立竿見影的效果。因此，
訓練成敗之衡量須假以時日。「派員接受訓練」的
這一種舉措所顯示的涵義是：企業對訓練的重視、
企業對員工的高度期望、以及企業對自身成長的承
諾。基於這個涵義，企業對員工由外界之訓練所帶
回來的新觀念，應儘量提供機會嘗試。就算企業無
法採納這種新觀念，也不應打擊或藐視受訓者，以
免令員工視接受外界之訓練為畏途。

3-24

如何借重外界專家從事「企業內訓練」？

儘管借重外界專家從事「企業內訓練」已經蔚為風氣，但是一般企業卻往往因為借重不得其法，以致在效果上是事倍功半，甚或徒勞無功。這是令人深感遺憾的一件事。

請問：有沒有值得效法的經驗，可供訓練規劃者之參考？

解析

底下是借重外界專家從事「企業內訓練」所應遵循的五個步驟：

一、鑑定有無借重之必要

負責規劃「企業內訓練」的人，其首要任務在於鑑定是否真正有必要借重外界之專家。這一鑑定工作應以理性之考慮為基礎，而不宜訴諸感性的抉擇。更具體地說，「外界

的新面孔能夠為企業注入新觀念」的想法，應被視為一廂情願。對參與「企業內訓練」的員工來說，沒有一件事會比受教於知識與經驗均不足的所謂「外界專家」，更令他們感到懊惱與失望。因此，借重外界專家從事「企業內訓練」的唯一可被接納的理由是：該等專家對某些特定領域之知識、技能與經驗，均優於企業內部之訓練者，而且該等專家在這些領域內之專長，又的確是企業本身所需要的。

二、遴選外界之專家

真正夠資格主持「企業內訓練」的專家，至少應具備三種條件：熟悉訓練課程之內涵、善於溝通、以及精於解答疑惑。「企業內訓練」之規劃者，必須以這些條件作為遴選外界專家之依據。

在實際遴選過程中，訓練規劃者應特別注意下列三件事：第一、光是曾經出版過與講授主題有關的書籍，或光是擁有傲人的學術資格的人，並不必然就是專家。第二、具有多年教學經驗的學院內的講師或教授，並不必然能夠有效地解答疑惑。他們教學的對象多半限於不習慣發問的「沉默的學生」，因此他們未必能夠對較勇於發問、且較善於發問的企業內的「活潑的學生」解答各種疑惑。第三、企業內的員工——特別是那些精於溝通技巧的行銷人員——通常都對溝通技巧欠佳的專家採取抵制的態度。

三、為外界專家做簡報

這是一個必不可缺的步驟。外界專家在實施「企業內訓練」之前，如對企業的情況不了解，則他們之所作所為，將有如持來福槍的戰士對看不見的敵人作盲目的射擊那樣。他們的子彈絕大多數都無法打中目標。就算少數子彈能打中目標，那是靠運氣而非靠判斷得來。「企業內訓練」之規劃者，應該充當這些專家的耳目，技巧地引導他們走向企業所希望達成的目標。更具體地說，「企業內訓練」之規劃者，應令外界專家清晰地了解下列六件事：

1. 企業對他們的期望。
2. 他們的服務對企業訓練目標之達成，具有什麼樣的潛在貢獻。
3. 他們即將訓練的對象具有什麼樣的特徵（諸如職級、年紀、經驗、教育程度等）。
4. 接受訓練之學員，對外界專家即將講授的課程之現有了解程度。
5. 哪些主題與達成目標最具密切關係，哪些主題最容易觸發學員之興趣。
6. 課程本身所能占用的時間有多少。

獲致以上各種問題的答案之後，外界專家才能據而整備適當的教材。

四、協調技術性問題

　　每一位富於經驗的訓練負責人都了解，任何一種訓練都可能因技術性問題得不到適當處理而功虧一簣。這些問題至少包括以下兩端：

1. 訓練場地必須審慎選定。一般說來，訓練場地必須隱蔽、舒適、而且不受外界干擾。太過窒悶、太過炎熱、太過寒冷、以及太過嘈雜的環境，均不適宜充作訓練場地，甚至受到電話、訪客或祕書干擾的處所，也不適宜充作訓練場地。
2. 訓練的實施方式必須斟酌考量。這即是說，訓練規劃者與外界專家必須在實施訓練之前，協調並同意學員之發問及討論方式。

五、訓練績效之評估

　　外界專家所發揮的特別卓越的與特別低劣的訓練績效，並不難以評估，但是介乎這兩種極端之間的訓練績效之評估，則頗令人感到棘手。許多訓練規劃者都喜歡在訓練實施之後召開訓練檢討會，讓學員發表各自之觀感。儘管這種作法足以令訓練規劃者獲致許多有用的資訊，但它卻無從避免兩種嚴重的缺陷：

1. 此類檢討會常常受到少數善假辭令的學員所壟斷。他們的意見未必具有高度代表性。

2. 有些學員為了避免失於刻薄尖酸，對不良的訓練成果作過度委婉的回饋。其實，訓練規劃者大可不必在外界專家主持的課程終結之後，就急著進行績效評估。這種評估工作——不論是採面談方式或問卷調查方式——最好是在課程終結後數天再進行，因為經過一段時間的「冷卻」，學員的意見會較具客觀性。

進行訓練績效評估時，訓練規劃者必須設法獲致學員對以下五個問題的答案：

1. 課程本身是否與訓練目標有關？

2. 該課程是否達成它的既定目標？

3. 如該課程未能達成其既定目標，原因何在？

4. 倘若該課程足以達成其既定目標，則你在參與該課程後實際獲致的益處是什麼？

5. 倘若你真的獲致益處，你將如何把所學的一切應用到工作上？

由以上五個問題的答案所顯示的訓練績效評估，可進一步提供外界專家作為改進未來訓練之參考。一般求好心切的

專家多半會樂於接納這種回饋，只有欠缺信心及表現低劣的
專家才會抗拒。

3-25

兩位部屬都在爭取一個進修機會，
我如何安撫爭取不到的那一位？

　　我的部門今年獲得了一個國外進修的配額。總經理要我推薦兩位人選供他圈選其中一位。我所推薦的兩位人選，是部門內公認的佼佼者。他們兩位在工作表現、發展潛力以及學識造詣上，都處伯仲之間。我非常擔心，總經理圈定了人選之後，得不到進修機會的那一位勢將遭受莫大的打擊。你說我該怎麼辦才好？

解析

　　「僧多粥少」所導致的「幾家歡樂，幾家愁」的現象，本來就非常無奈。身為管理者，遇到這類情境，你雖然無法消除「愁家」的痛苦，但卻可以減輕他（們）的痛苦程度。

在進修名單揭曉之前，你可以將兩位人選約在一起，言明在當前狀況下，只有一位可以獲得進修機會，另一位則不得不向隅。建議他們至少事先想一想，萬一爭取不到這個機會，將會採取哪些替代措施。這樣做，可以幫助「愁家」維持某一程度之心理平衡。

在進修名單已確定且瀕臨公布之前，你應該先讓「愁家」知道結果，這是對他最起碼的尊重。

在進修名單揭曉之後，你應儘早約見「愁家」，談論有關之替代措施。

3-26

進修人員之甄選

　　華國邦是國邦儀器公司的總裁。在某次同學會聚會場合，華的昔日同學李君向華提及，他服務的機構，曾派遣他去參加某大學所舉辦的一個專為高階主管設計的「經營理念與管理技能研討會」。該研討會要求參與者每週投入三小時，從事為期三個月之學習。李君覺得收益良多。華國邦一回到公司，就要求人資部門推薦一位人選參加該研討會。學物理出身的盧當娜，被人資部門確定為最佳人選。當華國邦詢及推薦盧的理由時，人資部門主管解釋說，盧正被考慮提升為高階主管，她將因參與該研討會而受惠。

　　華國邦表示，他總覺得學物理、化學、或會計出身的這些人，只會從事實角度看問題，從未學過從價值角度看問題，而高階主管經常面對的是含價值判斷的事物！他進一步表示，從統計數據可以證實，受過嚴謹的科學訓練的人，常

常無法成為成功的高階主管。他辯稱，這些人只會尋找公式，尋找明確界定的步驟和原則，或尋找非白即黑的情境，所以送這樣的人去參與研討會將是金錢的浪費。不過，華國邦強調，他將依從人資部門主管的決策。他要求人資部門主管再考慮後推薦一個人選給他。

請評論本事件。

解析

1. 華國邦對「受過嚴謹的科學訓練的人」與「成為成功的高階主管」之間的因果關係之認定，是本事件癥結之所在。儘管我們隨時可以從失敗的高階主管中，找到受過嚴謹的科學訓練的人，但是我們也隨時可以從成功的高階主管中，找到受過嚴謹的科學訓練的人！就算我們可以從各行各業中，找到支持或駁斥華國邦因果認定的統計數字，這仍然是一種概括性的印象，而不是針對身為獨特個體的盧當娜之評價。因此，華國邦藉著「受過嚴謹的科學訓練的人，常常無法成為成功的高階主管」之因果認定，推斷盧當娜無法從「經營理念與管理技能研討會」獲致實質好處，這樣的推斷不僅失之草率，而且也是過於武斷！

2. 固然受過嚴謹的科學訓練的人，有些會傾向於尋找公式，尋找明確界定的步驟和原則，或尋找非白即黑的

情境，但正因為這一些人習慣於從事實角度看問題，他們才需要接受一些人文及社會科學的訓練，以便學習從價值角度看問題。倘若華國邦了解這一點，他不但不會認為派盧當娜去參與「經營理念與管理技能研討會」，是一種金錢的浪費，反而他會主張並鼓勵她前往。

3. 人資部門主管在確定盧當娜為參與「經營理念與管理技能研討會」人選之前，必須對該研討會之性質與內涵做事先之了解，並且設法查詢到底是哪些人參與該研討會，以及他們的公司對他們參與該研討會之期盼。倘若人資部門主管沒有做到這些，他顯然是嚴重地失職。

4. 華國邦要求人資部門主管對參與研討會之人選再作斟酌，然後推薦人選給他，他將予以接納。倘若人資部門主管不再推薦盧當娜，則有兩種不良後果將因而產生：第一、華國邦對受過嚴謹的科學訓練者之偏見會加深；第二、人資部門主管專業能力將受到懷疑。倘若人資部門主管再度推薦盧當娜，而她參與研討會之後的工作表現如不理想，則上述兩種後果不但照樣發生，而且情況將更加嚴重。這即是說，只有當盧當娜參與研討會回來之後的工作表現相當不錯，才有可能改變華國邦之偏見，以及改善人資部門主管之專業形

象。不論是否再度推薦盧當娜，人資部門主管至少必須做到的是：第一、向華解說「經營理念與管理技能研討會」之基本性質與內涵。第二、設法去了解，與盧當娜具有相同背景的其他廠商的高階主管，參與過類似研討會後的工作表現，並將取得之資訊提供華國邦作參考。

新員工牢騷滿腹

周美玉在一個月前進入會計部門工作。她受過高等教育，對於新工作處理得有條不紊，表現得相當幹練。然而，她卻經常牢騷滿腹地向周遭的同事宣稱：本公司的環境多麼不理想、工作多麼繁重、升遷機會多麼渺茫……而以前她所服務的那家公司又是如何地好。

面對周美玉這種足以挫傷士氣並令人反感的行為，周美玉的主管應採何種對策？

解析

1. 有些新進人員動輒發牢騷，且動輒以過去服務機構之一切來貶低公司之一切。這種行為對士氣及工作績效所造成的不良影響，至深且巨，其主管應正視此事，且應及早採取對應措施。

2. 上述情況之發生可能導因於：（1）該新進人員在加入公司前，對公司抱持過高或不切實際的預期。（2）該新進人員在屬性上根本不適宜成為公司的一員。（3）公司含有若干有待改進之處。

3. 對付上述情況之最佳途徑是：（1）改進招募與甄選員工之作業，避免令周美玉這類員工進入公司。（2）讓已錄取並準備聘用之員工事先了解公司的現狀，避免他（她）們產生錯誤之預期。

4. 一旦在新員工之間發現類似周美玉這樣的員工，其主管應儘快與她約談。在約談過程中，主管應做到下列兩件事：

   （1）向她指出，最近已發現她經常向周圍同事抱怨本公司有多糟，而她過去服務過的公司有多好。這種作為不但足以影響人心，而且更有損她的形象。

   （2）告訴她，如果她認為公司在某些方面有改進之必要，請她直接報告主管，以便設法改進，而不應到處作惡意批評。

倘若約談得不到效果，則主管可以考慮採行更嚴厲的措施（包括下逐客令）對付之。

3-28

招蜂引蝶的打扮

　　王佩玲是本公司在兩個月前所進用的一位女職員。她每天上班總是打扮得花枝招展。長長的指甲擦著蔻丹，這還不算什麼，最引起非議的，便是她所穿著的緊身外衣及短得不能再短的迷你裙。男同事的眼光繞著她轉，無法專心工作；女同事對她則敬而遠之，不與往來。

　　如果你是王佩玲的上司，你怎麼辦？

解 析

1. 穿著與打扮雖屬每一個人隱私權範圍內的事，但若某種穿著與打扮有違公司規定，或足以擾亂工作秩序，則主管必須要設法予以糾正。

2. 公司對員工穿著與打扮之要求，有時有明文規定，有時則無明文規定。就算無明文規定，任何機構對其員

工之穿著與打扮，都存有某些被認可及不被認可之標準——這是該機構「企業文化」的一部分。公司在實施新員工訓練時，應就穿著與打扮有關之規定或標準知會新員工。

3. 王佩玲是新進的女職員，她的穿著與打扮引起非議。在這種情況下，王佩玲的上司應婉言告訴她，公司內部對穿著與打扮的可接納標準，並勸她接納這個標準，以免無心地擾亂到男同事的工作秩序，並導致女同事之杯葛。

3-29

老兵看新官

　　李義明原本在某課擔任股長職務。半個多月前，他很順利地被提升為該課的課長。李義明向來是一位極富才幹的人。自從升任課長後，李義明所轄屬的股長們的工作表現卻明顯地逐漸滑落。他自己雖然想盡辦法與股長們打成一片，但總是覺得和他們之間好像隔了一道牆，無法融入其中。目前令李義明深感憂慮的是：這半個多月來，整個課的生產力已逐漸下降。

　　請分析上一個案，並且提供意見給李課長，以幫助他突破困境。

解析

　1. 本案顯示「新官」上任初期，「新官」所面臨的共同困境。就李義明來說，他的困境可能是來自：（1）其他

原來與他平起平坐的股長，短期內仍不習慣於將他視為上司。（2）若干有意問鼎課長職位的股長在喪失這個機會後，正在鬧情緒，甚或在暗中興風作浪，設法跟他作對。（3）他不了解就任新職之初應設法「爭取同盟」的道理。（4）他過度重視與部屬打成一片。（5）他欠缺正確的領導觀念與領導技巧。

2. 為突破此種困境，你可建議李義明採行底下之舉措：

（1）設法讓李義明在內心裡擁有這樣的認識：①屬員是以「老兵看新官」的心理表示抗拒，但他們所抗拒的並不一定是他本人，而是他所代表的人事變動。這即是說，不論是誰被提升為課長，誰都會面臨與他相似的遭遇。②「與部屬打成一片」的這種觀念是不足為訓的。為了建立及維護主管之尊嚴，任何階層的主管均應設法與其僚屬保持適度距離。③一個課的任務有賴各個股的股長之協力達成，因此課長應設法獲得股長之尊重，而獲得尊重的第一步，便是主動跟他們建立和諧的人群關係。

（2）在接掌課長職位初期，應擺低姿態。李義明最好能以移樽就教的方式個別地拜望各個股長，表白借重之意。

（3）對資深、能力高強的股長，應以禮賢下士的態度

請益。

(4) 對原來有點隔閡的人，應主動去接近他們。但不
宜太露骨，以免令他們以為這是一種巴結。

(5) 對原來已很熟悉或關係非常良好的股長，不要一
下子冷落他們，但也別給他們任何特權。對這些
熟悉的或關係良好的股長，應慢慢地、不露形跡
地與他們保持某一距離，否則長遠之下自己的領
導力將難以施展。

(6) 掌握這一課的意見領袖，設法爭取他們的認同。

(7) 向上級爭取機會參與「領導統御」或「員工問題
處理」這一領域的課程或研討會，或向領導力較
強的課長及上司請教有關問題，甚或找尋有關文
獻從事自我進修。

3-30

如何對待老闆的近親？

　　某日，我的大老闆勾著一位年輕人的肩膀走到我面前說：「這是我的兒子，剛從美國的一家學校放暑假回來。我希望讓他在公司裡打暑期工，以便獲取工作經驗。請將他視同其他打暑期工的學生，千萬不要有任何差別待遇。倘若他未能遵守公司的規定，請給他施加必要的懲戒措施！」老闆講話的態度十分誠懇與無私，我不知該不該相信他，並按照他的話去做？

解 析

　　假如我是你，我會相信他那誠懇與無私的態度是出自肺腑，但是我不會完全按照他的指示辦事。原因是：這個年輕人足以影響你與老闆之關係，甚至稍微誇張地說，這個年輕人掌握了你的前途與發展。請記住這一層嚴重的利害關係，

並妥為因應。你應該盡你所能去協助這個年輕人，設法讓他對你產生好感並尊重你，畢竟一過完暑假他就要離開！請注意：我這兒所謂的「讓他產生好感並尊重你」並不是指刻意的奉承或討好。

記住！這位年輕人與老闆住在一起，並且深受老闆喜愛。他能隨時隨地跟你的老闆交談。假如他在你老闆面前對你美言，則一切圓滿；但若他在你老闆面前數落你，則將危及你與老闆之關係。

總之，只要老闆或高層主管的近親，存在於你服務的機構裡，千萬不要忘記他們的身分，更不要以對待一般人的方式去對待他們。

順便提醒你的是，將來有朝一日，你攀升到高階主管的位置或成為老闆，為了所有的人著想，請儘可能不要將近親帶進你的機構裡，因為親情與工作本來就難以融合在一起！

3-31

一朝飛上枝頭把鳳凰當

　　李蓮花在趙課長這個單位已整整服務了兩年。她平日的工作表現尚佳，與同事間的關係也不錯。一個月前，李蓮花嫁給了公司的副總經理。自她結婚後，趙課長交代她的工作比以往輕鬆多了。沒事時，她便撐著頭發呆，要不就修指甲聊天。

　　與李蓮花同單位的同事，常聚在一起說些「一朝飛上枝頭當鳳凰」之類的話來諷刺她，甚至給她衛生眼看。李蓮花因受不了這種諷刺，向趙課長抱怨課內的同事說她壞話。趙課長聽到這件事的第二天，趁著開會的機會向全課的同事說：「女孩子不要嚼舌根，老是說別人閒話。」此後這一課的工作氣氛變得很壞。

　　假如你是這一課的課長，你應如何改善課內的工作氣氛？假如你是趙課長的頂頭上司，你應採何種對策？

解 析

1. 本個案中問題的始作俑者是趙課長。他課裡的李蓮花自從與副總經理結婚後，他指派給她的工作顯然較以往輕鬆許多。這種作法一方面令其他課員感到不滿，另一方面也不見得令李蓮花感到高興，因為她工作太輕鬆，所以有時撐頭發呆，有時則修指甲聊天。

2. 李蓮花向趙課長抱怨同事說她壞話，趙課長不但不檢討何以課內同事會說她壞話，反而利用朝會向全課同事教訓一頓，難怪這課的工作氣氛變得很壞。這是趙課長所犯的另一種錯誤。

3. 為改善工作氣氛，趙課長應立即改變作風——亦即在工作指派上再不能厚此薄彼，對李蓮花再不能刻意偏袒。

4. 趙課長的頂頭上司應該與趙課長懇談，讓趙課長知道偏袒「朝中有人」的員工將令其他員工大感不滿，而且這樣做對「朝中」的那個人的形象也有毀壞的可能。趙課長的頂頭上司甚至可以找個機會約趙課長及李蓮花一起，向李蓮花說明，她既然已變成副總經理夫人，同事免不了會對她投以異樣的眼光，因此她更應好自為之，以良好的工作表現來改變人家對她的看法。

3-32

裝病告假

　　某星期五，會計課長吳智偉接到課員張美俐的母親的電話，要求給她女兒病假一天。事後，另一課員王一紅聲稱，她於當天清晨上班途中，看見張美俐一身旅遊打扮，並坐在男朋友的機車上。根據人事紀錄，張美俐在過去三個月中曾先後告過六次病假。吳智偉已不止一次地懷疑張美俐裝病，但是苦無真憑實據以揭穿它。

　　到了次一個星期一，張美俐精神奕奕地回到辦公室。吳智偉下定決心要與她談論，到底上星期五她是否真的病倒了。在談論這件事時，吳智偉希望：

1. 他能獲悉實情。
2. 他能避免辦公室內其他同仁之工作受到干擾。
3. 他能制止張美俐開創不良之先例。

4. 他能避免張美俐、其他課員以及他本人處於尷尬的局面。

很明顯地，倘若吳智偉能達成上述四項願望，則張美俐此後將不敢再濫請病假，同時其他課員也不致於群起效尤。

倘若你是吳智偉，你認為應該在什麼時候，運用什麼方法去處理張美俐的問題？

解 析

1. 將病假視同「福利」看待的員工，最慣於濫告病假。主管對這類員工絕對不能夠姑息。

2. 既然吳課長不止一次懷疑張美俐裝病，他理應在張美俐成為慣性的告假者之前，設法糾正她的行為。張美俐最近告病假那一天，卻被同事王一紅看到她一身旅遊打扮，並坐在男朋友的機車上。王一紅不避諱地將這件事向上司和盤托出，可見一般同事也懷疑張美俐裝病，且不齒其所為。在這種情況下，吳課長再不能延宕處理張美俐的問題。

3. 吳課長最好是在張美俐銷假後的頭一、兩天臨下班之前約談她。我們之所以選擇她銷假後的頭一、兩天約談，一方面是考慮到，此時她對上次告假事件仍然記憶深刻，因此有助於你了解實情；另一方面則是考慮

到，主管對她的不良作為不應再予姑息，以免張美俐開創不良之先例。至於選擇臨下班的時間約談，一來是為了避免張美俐在約談後之情緒發作，干擾到她本人或其他同事當天之工作；二來是考慮到，約談後其他同事已離去，不致於令張美俐產生尷尬；三來因為張美俐在約談後可即刻回家，以令她的情緒得到適當的抒解。

4. 吳課長在約談張美俐的時候，要刻意講求技巧，以免令事情一發不可收拾。底下幾點可供吳課長參考：

（1）用關心的態度向張美俐指出，過去三個月來她屢次請病假的事實，並問她是否感到工作負荷過重或是另有隱情。

（2）假如張美俐另有隱情，則設法協助她探尋解決途徑。假如張美俐並沒有什麼苦衷，則向她指出，病假是專為員工健康著想的一種救濟措施，若非全然基於健康的理由，則不應請病假。

（3）上一表述應足以讓張美俐警覺到，至少主管已懷疑她裝病告假，這對改變她的告假行為肯定有莫大的助益。倘若她沒有辯白，則吳課長不必刻意提及有人看到她一身郊遊打扮，並與男朋友共騎一輛機車之事。但若上一表述引起張美俐之抗辯，則吳課長可以告訴她，有人看到她請病假那

天的作為，並要她對此作出解釋。不過，在任何
情況下，吳課長均不應讓看到她當天作為的同事
姓名曝光。

5. 假如主管懷疑部屬常常裝病告假，則偶爾可以考慮打
電話到她家。這樣做，一來可查出事情之真象，二來
可藉以表示對部屬之關心。

3-33

說了就好些，不說則故態復萌

　　上級一再交代，對材料、物料、消耗品的浪費，要徹底減少。劉班長早就注意到消除浪費的必要性，因此他經常對班員叮嚀這件事。不過，劉班長感到，他說了之後情況就好些，但過不久則又故態復萌。

　　請問：劉班長有什麼辦法可讓班員徹底戒除浪費情事？

解析

1. 固然班長之叮嚀對減少資源浪費足以產生一定的效果，但是這種效果不可能很大，也無法長久存續下去。考其原因，恐怕是這樣的：（1）既然「杜絕浪費」是上級的一種要求，班員只是奉命行事，而不將它當作一件切身攸關的事情看待，所以叮嚀之後情況就好些，過了一段時間則又恢復原狀。（2）班員並

不因為浪費程度加重而受到處分，也不因為浪費程度減輕而受到獎勵。處於這種「做妥事情與不做妥事情，結果沒有兩樣」的情況下，班員當然不會介意是否做妥事情。

2. 針對上述兩種原因，劉班長可以採行如是之途徑，以杜絕班員對資源之浪費：

(1) 將班員約集在一起，首先宣導杜絕浪費之重要性，其次再請每一位班員針對杜絕浪費的方法抒發己見，最後令各班員歸結出他們所共同認定的方案，作為以後遵循的依據。班員對自己所研擬的方案之承諾心，顯然要大於上司所加諸的要求。

(2) 班長與班員共同研討，並擬定有關杜絕浪費的獎懲辦法，向上級核備後，擇期實施之。

3-34

不滿現狀，渴望調職

　　郭永平自高工畢業後就加入本公司，在現場擔任作業員的工作。最近一年來，他老覺得現場的環境不理想，工作又繁重，特別是他認為目前的工作學不到技術，因此工作意願愈來愈低落。他一直希望能被調到技術部門工作。他曾有意無意地對他的頂頭上司——賴股長——透露這種想法。

　　如果你是賴股長，你應如何處理這件事？

解 析

1. 「適材適所」是用人的最佳準則。郭永平既是高工畢業，倘若他真有意願學習技術，則將他調到技術部門工作，對他與對公司來說應該是兩全其美的事。

2. 郭永平既然曾經有意無意地向賴股長透露這種意願，賴股長可以按下列方式處理此事：

（1）正式約談郭永平，徹底了解郭永平希望調職的真正原因。

（2）倘若郭永平真的想學習技術，則賴股長應設法留意這種調職機會，並為郭永平爭取該種機會。

（3）告訴郭永平，在調職機會出現之前，他應該維持良好的工作表現，因為假如他的工作表現不佳，將來技術部門就算出缺，那兒的主管說不定將不願接納他。

3-35

犧牲自己，圖利他人

羅四維在兩個月前，由別的單位被調到詹課長所負責的這個單位來。羅四維不但待人謙虛有禮，而且做事非常熱心周到，因此甚受同事歡迎。不過詹課長最近幾度發覺，在上班時間內看不見羅四維的蹤影，經調查才知道：每當有人請他幫忙時，他總是毫不推辭地去幫助別人，甚至在工作中也儘量撇下自己的工作去協助他人。據了解，他這種習性自六年前加入公司後即已存在。他的前幾任主管都曾經對他糾正過，但效果罔然。

假如你是詹課長，你將如何處理羅四維這種犧牲自己、圖利他人的行為？

解 析

1. 羅四維是一位典型的有求必應、不好意思拒絕他人請

託的人。但遺憾的是，他並不了解「拒絕」的真義。

2. 為了改變羅四維的這種不良行為，詹課長應與羅四維舉行一次正式面談。詹課長必須鄭重地向他指出：（1）他的首要職責乃是將份內的工作做好。（2）協助他人是一件好事，但協助他人之前提，是在於做妥自己份內之工作。（3）「拒絕」是一種量力的行為，它不一定表示自私或不近人情。（4）「拒絕」也是保障自身行事優先次序的有效手段。（5）儘管耽誤自身工作的原因是來自協助別人，但這樣地耽誤工作仍然是公司所不能容許的。（6）擅離職守是絕對要不得的。

3. 倘若經過上述的面談，羅四維仍然沒有改進，則詹課長在進一步的警告後，必須對羅四維採取維護紀律的懲戒行動。

4. 詹課長有必要設法了解向羅四維求助的那些人的工作狀況，以及需要外力協助的真正理由。

3-36

突然提出辭呈

　　林筱芳來公司報到，迄今已差不多一個月。她除了第一天上班沒加班，其餘的日子裡每天都加班，星期天也不例外。由於第一次從事生產線的工作，她的作業速度總是趕不上生產線流動的速度，因此常常造成堆台。此外，她感到這個月就任新職以來，脖子、肩膀、腰部和雙手都經常痠痛。可是儘管如此，她的工作態度一直都很認真，每天準時出勤，工作效率也愈來愈好。

　　可是，就在林筱芳的工作漸入佳境的這個時候，她突然向領班要求辭職。她的理由是：生產線的速度太快，我做不來。加班雖然有錢可賺，卻因而剝奪了自己的休閒時間。每天忙得要命，換來的是一身的痠痛。」

　　假如你是林筱芳的領班，你該怎麼辦？

解 析

1. 當一位員工突然向你提出辭職的要求，你首先要考慮的是：該員工值不值得挽留？像林筱芳那樣，她認真的工作態度與日漸提高的工作效率，足以令她的領班覺得她是值得挽留的員工。（倘若一位不值得挽留的員工提出辭呈，那顯然是求之不得的事！）

2. 既然林筱芳值得挽留，則領班進一步要做的便是澄清她辭職的真正原因。有許多員工常常以辭職作為獲取某些事物的手段，因此林筱芳的領班在傾聽她辭職的說辭之餘，仍要進一步探索及推敲隱藏在她說辭背後的動機：諸如她是否希望上司能認知或讚揚她的努力？她是否希望減少加班次數或加班時間？她是否希望調職？她是否另有高就？還是她另有隱情？

3. 掌握了林筱芳辭職的真正動機後，如有慰留之可能，再考慮以哪一種條件挽留她（譬如說答應她減少加班時數，或是轉換工作崗位等），但挽留時必須切實注意下數點：

   （1）挽留的條件必須合乎常理，以免令其他員工視為一種賄賂，因而感到不平，甚至紛紛效尤。

   （2）切莫開出本身所無法兌現的支票作為挽留的條件。

   （3）寧可讓員工離職，而不要令自己在挽留該員工之

後產生後悔。

（4）諮詢上司對挽留員工的意見。

謠言四起，人心惶惶

公司所轄的某一工廠，因受市場不景氣之影響，年來生產量一直下降，造成一部分人力之閒置。有鑑於此，上級主管希望能調動一些閒置的人員，至需要加班的友廠去支援三個月，以平衡人力之供需。但該計畫雖尚處研商階段，廠內已謠言四起。有人說會調五十個人出去，有的則說會調走一百個人。由於該計畫仍未定案，各班班長無法向屬下作明確的交代。廠內的作業員個個喜歡在熟悉的老環境工作。在面臨隨時可能被調走的情況，這些作業員無不惶惶不可終日，士氣之低落更不在話下。

試問管理者有無可能避免或制止謠言之傳播？假如有的話，請問用什麼方法？假如你是個案中的班長，你應如何面對轄下的這群惶惶不可終日的作業員？

解 析

1. 本案所涉及的問題有二：（1）調動之謠言四起；以及（2）作業員對調動抱持抗拒之態度。在這兩個問題交互作用下，自然導致人心惶惶及士氣低落。

2. 光就第一個問題來說，任何一個機構，只有在訊息暢通無阻的情況下，才能免於謠言的發生。一旦謠言已發生，則最有效的補救途徑，在於迅速地澄清事情的真象。

3. 再就第二個問題來說，一般人都喜歡在熟悉的環境內工作，因此對轉換環境產生抗拒，這是可以理解的事。人們雖不一定能滿於現狀，但卻能安於現狀，因為現狀是他們最為熟悉的，也是他們最感親切的。一旦將他們轉換到陌生的新環境，則內心的不安與恐懼，將令他們對新環境產生排斥感。基於此，想令他們接納新環境，恐怕只有從介紹新環境，以及澄清轉換新環境的重要性入手。

4. 根據以上之分析可知，倘若你是個案中的班長，你應做到下列幾件事：

   （1）立即向上級反映作業員的惶恐心態，及謠言紛紜之現狀，並向上級請示，人員調動計畫在現階段之進展情況。

   （2）用書面或口頭方式，向作業員宣告上級對人員調

動在現階段的進展情況，並保證一有新的發展將
即刻知會他們。

（3）要求作業員不要對人員調動之事，作盲目的臆測
或評論。

（4）向作業員解釋，人員之暫時調動，對公司及每一
位員工之重要性，藉以激發同舟共濟之精神。

　　附註：任何失真的訊息都可以被視為謠言（Rumor，簡
稱為R）。歷來人們都深受謠言之害，可是他們除了習慣性
地祭出「謠言止於智者」這種無關痛癢的說辭，卻苦無良策
予以對付！

　　「謠言止於智者」這一句話的意思大概是指：智者不會
聽信謠言，智者不會散播謠言。但遺憾的是，這世上的智者
並不多。更加遺憾的是，縱然是智者，他們也會聽信謠言，
甚至還會散播謠言。因此，光憑「謠言止於智者」這種說辭，
實在不足以控制謠言。

　　謠言是因人們對訊息之飢渴而產生。導致人們對訊息產
生飢渴的因素有二：一為人們之好奇心。（Curiosity, 簡稱為
C）；二為情況之不明朗（Ambiguity, 簡稱為A）。根據研究謠
言而名噪一時的兩位美國心理學家高爾頓 W. 歐波特（Gordon
W. Allport, 1897 ～ 1967）與列歐 · 波斯特曼（Leo Postman,
1918 ～ 2004）的見解——參閱這兩位心理學家於 1947 年聯

名出版的著作《謠言心理學》（The Psychology of Rumor）
——謠言可用以下方程式予以衡量：

謠言（R）＝人們之好奇心（C）X情況之不明朗（A）

倘若人們對某種情況毫無好奇心（亦即C＝0），則不論該種情況有多麼不明朗，都不會因而產生謠言。另一方面，當某種情況完全明朗（亦即A＝0），則不論人們的好奇心有多大，甚或人們刻意去扭曲它，也都不至於導致謠言之散播。畢竟，「事實勝於雄辯」！由此可知，構成謠言散播之前提要件是：人們對某種情況產生好奇心（C＞0），同時，該種情況又不夠明朗（A＞0）。由該前提要件可進一步推知：制止謠言之發生與散播的根本辦法在於：要嘛清除人們之好奇心（設法讓C＝0），要嘛清除情況之不明朗（設法讓A＝0）。清除「人們之好奇心」極難做到，但清除「情況之不明朗」卻可經由溝通之加強與改進來實現。就上一個方程式來說，只要「情況不明朗」這一變數等於0（亦即情況完全明朗），則不管「人們之好奇心」這一變數有多大，這兩個變數的乘績都會等於0，亦即謠言將無立足之餘地。這即是說，謠言並非止於智者，而是止於情況之完全明朗。

每一位管理者都應能體認到，變革已是當今動盪環境中的一種生活方式。個案3-37中，調動某廠閒置的員工去支

援需要加班的友廠，即是一種常見的變革。伴隨變革而來的是，許多大大小小的臆測或謠言。為防患謠言於未然之前，管理者在推動變革時，應設法讓組織內部之訊息暢通無阻。

倘若管理者對謠言無法做到防患於未然，那麼應如何治亂於已成之後呢？底下的四種要領可供參考：

1. 並非所有的謠言都值得對付。管理者只須對付那些足以對組織產生嚴重打擊的謠言，至於無傷大雅的謠言則可等閒視之，因為它們將很快地自動消失。

2. 應儘早對付足以對組織構成嚴重打擊的謠言，因為當這類謠言的基本內涵，為眾所周知或為眾所聽信後，人們會牽強附會地將許多不相干的事物解釋為謠言之應驗，以致愈來愈相信謠言之真實性。例如，當員工聽信辦公室將搬遷的謠言，則就算電氣匠之前來修理電燈，也會被視為辦公室搬遷之前奏。

3. 對付謠言之最佳途徑，便是公布事實之真相，因為情況不明朗的程度愈低，謠言就愈無立足之餘地。至於公布事實真相的最有效手段，便是透過面對面的溝通方式，由管理者向部屬澄清各種傳聞與疑問。不過，需要特別留意的是，在澄清謠言之際，管理者應直截了當地指出事實之真相，而不應複誦謠言之內容。

4. 管理者應儘量借重非正式組織之領導者協助闢謠。

3-38

管理職被更換為非管理職

　　丁課長原來負責材料管理部門。近來由於公司組織之變動，他屬下的員工被調走一大半，他的職務也從管理職被更換為非管理職。他覺得這次的調動等於被降級，遂三番兩次地向吳廠長抱怨。吳廠長一再指出，是次之調動是因應組織變動之要求，絕無降級的涵義。儘管如此，丁課長仍感忿忿不平，他的工作表現乃逐漸低落。

　　假如你是吳廠長，你該怎麼辦？

解析

1. 這是員工對變革產生抗拒的典型實例。丁課長所真正感到不滿的大概不是職務變動本身，而是（1）職務變動所暗示的一些評價（諸如暗示過去工作表現不佳、領導力太弱等），以及（2）職務變動所剝奪的一些既

得利益（諸如剝奪了他受尊重的職位、身分、頭銜等）。

2. 假如基於組織之需要，不得不將丁課長的管理職務更換為非管理職務，則上級人員至少應在職務更動之前，對丁課長以及有關人員從事宣導及說服工作。事前之宣導及說服，雖然無法消除丁課長之抗拒與不滿，但至少能產生相當程度的緩和作用。

3. 如今之計，只剩亡羊補牢一途。吳廠長最好能利用正式集會之場合（即丁課長及其他同事均在場之際），將組織變動的前因後果知會與會人士，並重申在現在的組織架構下，表現良好者照樣會受公司所重用。

4. 由這個案例所得到的一個重要啟示是：任何變革均可能導致員工之抗拒，而減輕這種抗拒的一個有效方法，便是在變革之前，針對可能受到不利影響的員工進行溝通，甚至可能的話，應提供機會讓他們參與變革的規劃工作。

3-39

如何對付員工之酗酒行為？

　　史克任在大學時期主修行銷學。大學畢業並服完兩年的預備軍官役之後，他向一家知名的合成橡膠公司申請業務員職位。該公司業務經理在決定錄用他的最後一次面談中，曾經很明確地向他指出：業務員的工作內容包括與客戶應酬，因此適量的交際性喝酒有時是必要的。史克任向業務經理保證，他是一個有節制的「飲君子」，而且他對喝酒並沒有道德上或宗教上的成見。

　　史克任在就職後的三年內，已成為一位傑出的業務員。他曾經兩次獲得「當月最佳業務員」的殊榮。然而公司當局發現，史克任已逐漸成為一位酗酒者，因為即使不與客戶應酬，他仍然沉溺於杯中物。這個問題愈來愈嚴重，甚至演變到他時常酩酊大醉，而無法上班。

　　公司當局曾多次約談史克任本人及其家屬，要求改正

其酗酒行為，甚至最後將他送至戒護中心從事一個月的復健。可是，復健效果並不佳。就在他從戒護中心回到工作崗位的兩個禮拜後，他在某夜總會鬧酒，並攻擊別人而遭警方逮捕。至於受到他攻擊的人，竟然是由他帶去談論生意的客戶！公司當局對此事極表不滿，最後將史克任解僱！

　　儘管上一個案之處置方式頗富爭議性，但是由該個案所帶來的教訓，卻是大家所確認的：每一家公司都應該研擬一些措施，以對付員工之酗酒行為。請問什麼是酗酒者？如何認知員工酗酒？企業應制定哪些政策，以對付員工之酗酒行為？管理者應如何幫助酗酒的員工？

解　析

1. 所謂酗酒者，即指經常飲酒過量的人，也就是俗稱的酒鬼。儘管一個人之成為酗酒者，皆可視為自我惹禍上身，但酗酒是一種病。難怪醫學界會將酗酒者界定為：不喝酒時無法決定該不該喝酒，喝起酒來則無法決定該不該停止喝酒的人！

2. 認知員工是否酗酒並不難，底下是一些常見的症候群：缺勤率提高；暫時離開工作崗位之次數增加；不尋常的藉口增加；情緒變化無常；眼睛發紅或視力模糊；工作品質降低；大聲言談；午餐時喝酒；休息時間過長；快速地喝酒；懷疑心加重；顫抖；過度緊

張；對喝酒的寬容度提高；否認酗酒；痙攣性的工作步伐；工作數量降低；宿醉；使用呼吸潔淨物；金錢問題；沮喪的心情；工作中喝酒；刻意迴避同僚或上司；臉部發紅；小病痛發生次數增加；家庭問題；遺失工具或材料；忽視細節事物；忿恨不滿的情緒。

3. 每一家公司均應研擬一些書面的具體政策，以對付員工的酗酒行為。底下是一些最常見的政策：

（1）在工作中絕對禁止喝酒。

（2）明示酗酒是一種可治癒的疾病。

（3）酗酒者若接受治療，將不會危及其就業、升遷或發展；但若拒絕接受治療，則將因工作績效不佳而受處分。

（4）員工接受酗酒治療之情事將列為機密，以保障員工之隱私權。

4. 管理者在幫助酗酒的員工時，應妥為運用下列的四「不要」與五「要」：

（1）「不要」指責他為酒鬼。

（2）「不要」討論他有無喝酒的權利。

（3）「不要」建議他應如何節制喝酒。

（4）「不要」受他酗酒的藉口所分心或誤導。

（5）「要」將他當作病人看待。

（6）「要」鼓勵他說出何以出勤率、工作效率與行為

會變壞。

（7）「要」強調你對他的工作績效之要求。

（8）「要」對他做出「仁慈的恐嚇」──亦即他的工
作績效如持續變壞，你將無法擔保他不被開革。

（9）「要」鼓勵他找尋專業輔導或提供他此類輔導。

3-40

如何帶領年紀大到可以當我父親的部屬？

　　我今年三十五歲。我掌理的單位裡，有數位年紀高達五十幾歲，甚至接近六十歲的部屬。就年齡來說，他們是我的父執輩，但就職位來說，他們卻是我的子弟兵。我頗感尷尬與為難。尷尬的是，以我的年紀對他們發號施令，總覺得不太厚道；為難的是，他們的工作表現頗不理想。你說在這種情況下，我該怎麼辦？

解析

　　毋庸置疑地，年長資深的員工，在我們這個歷來強調敬老的社會裡，總是得到相當程度的尊重與寬容。但這並不表示，年輕的上司，不能或不可以糾正年長的部屬的低劣工作

表現。

首先，你必須確認你的身分與職責。只要你擔當主管的職務，你事實上已經承諾，要為上級負起你權限範圍內工作成敗的絕對責任。這即是說，一旦你部門內的員工工作表現不佳——不管是否源自年長資深的員工——你都有責任要設法改進。假如你做不到，則表示你失職及未能演好主管的角色。

其次，我們同意，年長資深的員工有時會倚老賣老，甚至工作不力。但是，他們工作不力的真正原因，卻往往是來自上司的默許或縱容。身為年長資深員工的上司，你固然很難鼓起他們年輕時高昂的工作熱誠，但你卻可以改變他們形同麻痺的工作態度。底下三種具體的作法，可供你參考採行：

第一、明確地告訴他們，在他們能力所及的範圍內，你對他們最低的工作要求是什麼，並期盼他們至少都能做到該最低要求。儘管他們之中，不乏因高度的就業保障而興坐以待「幣」的心態，但是他們也不致於放肆到敢跟你公然作對。

第二、提供機會讓他們面對新的刺激，例如調換他們的工作，指派新的工作給他們，指定他們接受訓練，或是要他們為年輕資淺的員工提供訓練。

第三、為他們作正常的督導及績效評估，並堅持你的最低要求。假以時日，他們將理解到你是「玩真的」，而且你實質上是在借重他們，而非放棄他們。

3-41

我的一位部屬即將被調往另一部門，我要不要將他過往的嚴重缺失告知他的未來上司？

　　我手下有一位叛逆性很強、經常惹事生非的部屬。他最近即將被調往另一部門。他被調離本單位，是我額手稱慶、求之不得的一件事。不過，我不知道我該不該將這位部屬過往的一些惡劣表現，告知他的未來上司？

解　析

　　除非該部屬未來的上司向你打聽該部屬之過往表現，否則你不應主動告知有關情事。原因是這樣的：一旦你主動告知有關情事，則表示你認定該部屬在新的工作崗位仍將惹事生非，而且該部屬之新上司會跟你一樣感到難以忍受。你的認定不一定是正確的。該部屬在新的工作崗位上，可能會力圖改變自我並重新出發。再說，在某一程度內，人是環境的產物。該部屬在你所提供的環境中，曾經展現不良的作為，

但他在不同的環境中，則不一定會展現類似的不良作為。至少，該部屬有權與他的新上司建立不受你的預警所干擾的工作關係。

倘若該部屬未來的上司向你打聽該部屬過往的表現，則你只應談論他的行為，千萬不要涉及深具主觀性及爭議性的態度、動機與心理層面上的問題。你的述說應該儘量客觀公正。這即是說，在報導他的劣行時，不應忽略他良好表現的一面。

3-42

私交甚篤的部屬，
工作表現每況愈下，怎麼辦？

　　我有一位部屬，從小跟我是玩伴，所以彼此間私交甚篤。這位部屬一直都很自愛，他向來都不會因為跟我關係特殊而有不守分際的作為。可是最近這幾個禮拜來，他的工作表現，在質與量上均呈現顯著的退化。他這種每況愈下的工作表現，使我頭痛不已。於公來說，我必須儘早糾正他，以免妨礙整體績效並造成錯誤的示範；於私來說，我不想傷和氣，更不想因為過問他的工作表現而斷送多年來所建立的友誼。我覺得我的處境有夠艱難，請問我應該怎麼辦？

解析

　　與其說這位部屬每況愈下的工作表現讓你頭痛不已，不

如說是這位部屬讓你頭痛不已。他應該心知肚明的是，他本人才是問題的根源。

　　為了他，為了你自己，以及為了其他心存好奇與觀望的部屬，你必須過問他不力的工作表現，猶如你過問其他部屬不力的工作表現那樣。

　　既然他的工作表現持續地惡化，你必須立即對他進行協談。你必須告訴他，作為私交甚篤的朋友，你願意盡你所能去協助他解決困難，但是同時你也應提醒他，你處理他的問題跟你處理部屬的問題，基本上是沒有不同的。這樣的聲明可以明確地傳達給他如是的信息：第一、你非常珍惜與他之間的友誼；第二、你將就事論事、公私分明地處理他的問題。

　　在協談中，你千萬不能因為私交而姑息他，更不能藉著私交去威脅他──亦即讓他覺得，如果他不設法改進他的工作表現，你們之間的友誼將因而斷送。換句話說，你必須按一般處理工作表現不佳的程序，來處理他的問題。但是，你務必要讓他確切了解，假如他的工作表現不改進，你將被迫採取必要的懲戒行動，而作為他的摯友，採取這樣的行動將帶給你莫大的痛苦！

3-43

如何帶領可堪造就
但卻自我膨脹的年輕部屬？

我最近進用了一位年輕的部屬。他不但資質良好、反應靈敏，而且企圖心極強。我可以確信，他是本公司的「明日之星」。

不過，我對他在無意間所表露出來的自我膨脹心理，確實是有點不以為然。我很想培植他並重用他，但卻擔心他會變得狂妄自大。你說我該怎麼辦？

解 析

面對可堪造就但卻自我膨脹的年輕部屬，一般主管大概都慣於採取「壓抑」或「故意不理會」等兩種對策，以挫折他的銳氣。這樣做，最多只能發揮治標的效果——亦即在行

為上，他會自我收斂——但是在實質的工作績效上，他的表現將每況愈下。

　　面對這樣的部屬，我認為最有效的帶領方法，便是將他自我膨脹的心理，導入具挑戰性的工作領域中。換句話說，他既然自視頗高，你就指派一些高難度與高貢獻度的工作給他承擔，並明確地指出你對他應有的表現的期許。一旦他的表現符合你的期許，則你應不折不扣地給與他應得的激賞。一旦他的表現低於你的期許，則坦誠地告訴他，你對他的表現不甚滿意。你只須點到為止地指出他的缺失，而不用作細部描繪，因為他為了維護強烈的自尊，必然會極力設法自我改進。

3-44

如何對付員工之抗命行為？

　　某人負責XX礦的品管工作。這個月初的某一天，XX礦的成分突然發生大幅變動。為負起本身職責起見，我於是立即要求單位內的兩位取樣員去做特別取樣。然而這兩位取樣員卻倚老賣老，愛理不理，拖拖拉拉地好似把我的話當耳邊風，不見行動。

　　這一種行為是絕對要不得的。請問：以後再遇到類似的情況，我該怎麼辦？

解析

1. 這兩位取樣員之行為顯屬抗命行為。為樹立廠規之尊嚴，以及維護管理者之形象與領導力，主管對抗命者絕不應姑息。但基於XX礦之成分突然大幅變動，事屬重要又緊急，主管應先解決取樣問題（如派遣他人

做特別取樣，甚至必要時主管自己動手），然後再議處兩位取樣員之抗命行為。

2. 主管應確切了解員工抗命所導致的嚴重後果：第一、主管之權力被削弱，亦即主管會因員工之抗命而喪失對局面之控制。第二、容忍部屬抗命的主管，將斷送上司、同僚及部屬對他的信心與尊敬。

3. 一般員工抗命之原因，大致可歸納為以下四類：第一、主管領導力弱，喪失部屬之尊敬。第二、員工倚老賣老，希望自己做主張或不想接受督導。第三、員工因「朝中有人」而有恃無恐。第四、員工對工作或公司含潛在的不滿。主管可依據以上之可能肇因，研判員工抗命之確切理由，然後再設法「對症下藥」。

4. 主管應與抗命之員工進行面談。在面談時主管應留意底下七個要領：第一、冷靜！避免意氣用事。第二、自我檢討命令本身是否合理？溝通是否清楚？第三、傾聽部屬對抗命之說辭。第四、心平氣和地指出，抗命是廠規所絕對不容許的。第五、不要與員工爭辯抗命的理由，因為你可能爭辯贏不過他，一旦你真的爭辯贏不過他，便等於默認他抗命有理。第六、對不服糾正者採取懲戒行動。第七、如抗命事端涉及「朝中有人」，則向朝中之人指出部屬抗命之行為。

3-45

當員工提前完成指派的工作時，主管可否臨時交付新工作給他？

　　我負責的部門的工作量，向來均較其他平行部門繁重，但以現有的人力配置來說，還是可以應付得來。為了掌控進度，我平常交付屬下的工作都明定完成期限。有時屬下會在期限屆滿之前提早完成工作。一方面為了避免讓提前完工的屬下處於閒置狀態，另一方面為了應付上級交辦事項，我有時也會臨時交付新工作給提前完工的員工處理。但意外的是，這樣做居然引起他們強烈的反彈。事實上，臨時交付的新工作，並沒有增加他們額外的負擔，因為這些工作都可以在正常上班時間內完成。我真不懂到底是我的要求過於嚴苛？還是有些同仁太會計較？

解析

　　1. 屬下提前完成工作的原因不外：（1）主管之派工量不

當（太輕）；（2）屬下工作草率；（3）屬下工作特別賣勁。倘若提早完工的原因是來自（1），則主管應自行改進工作之分派。倘若提前完工的原因是來自（2），則主管應加強對該屬員之督導。倘若提前完工的原因來自（3），此時主管若交付額外的工作給他，則往往會被該屬員視作「提早完成工作反而有害」，以後他將不情願賣勁地提早完成工作。

2. 當屬下回報已提早完成工作，此時主管應採如是之措施：第一、檢視工作成果。假如該成果符合要求，則當場予以認知或表示激賞；假如該成果不符要求，則當場要求屬下改進。第二、假如有臨時事項（特別是上級交辦事項）有待辦理，主管應先權衡其輕重緩急。假如該等臨時事項能納入下次派工範圍內，則儘量這麼做，避免讓提早完工者承擔額外之工作。第三、假如臨時交辦之事項非做不可，則主管應以情商方式請提早完工之屬下幫忙。此時，主管應將該臨時交辦事項之重要性向屬下說明。

3. 主管應削除「員工應整天忙得團團轉才像話」的偏見。從績效獲致的角度觀察，「實質」要重於「形式」。千萬不要因看不慣員工處於鬆弛或閒置狀態，而隨便加諸工作。主管應鼓勵員工，利用提早完成工作所產生的那段餘裕時間，從事與工作有關的知識或

技能之提升。

4. 主管平時應設法令每一位員工都具備第二專長或第三專長（亦即平常就應該為員工實施交叉訓練），使每一位員工都能勝任其他員工的工作。這樣，臨時交辦的工作，才有可能請提早完工的部屬來承攬。

3-46

如何改變員工之疏懶行為？

　　猶如五隻手指頭各有不同的長度那樣，我們所帶領的員工也各有不同的屬性。有的員工積極上進，有的則消極疏懶；有的員工能力高強，有的則遲鈍不堪；有的員工績效卓著，有的則表現平庸。多年來，在各色各類的問題員工之中，最令我頭痛的莫過於疏懶的員工。我真不知他們是否生性使然？否則，為什麼我一再苦口婆心地規勸與激勵，均產生不了效果？難道他們正好是一群「哀莫大於心死」的員工？請問：面對疏懶的員工，我該怎麼辦？

解 析

1. 首先，我想說服你接納的是：疏懶並非天生的性格缺陷，而是對工作提不起興趣，及對工作績效不寄以關心的一種表現。

2. 疏懶的員工足以創造四種嚴重的問題：第一、不當地承擔較少的工作；第二、導致作業上的瓶頸；第三、引起其他員工的不滿；第四、趕工時，這些人派不上用場。基於這四種嚴重的問題，我們對疏懶的員工絕對不容等閒視之。

3. 對付疏懶的員工之際，主管可以參酌底下六個要領：第一、確認「疏懶」並非無可救藥。第二、提出該等員工行為不符合要求的確切證據。第三、鼓勵該等員工表明他們對工作的看法與對工作的感受，以便探索他們不積極工作的原因。第四、在設法了解上述原因之同時，為該等員工訂定工作進度及工作品質之要求。第五、緊密追蹤該等員工之工作。第六、如該等員工之工作表現有所改進，則逐漸放鬆追蹤之緊密度；如該等員工之工作表現無任何進展，則對他們採取懲戒措施。

管理者應如何批評屬下之員工？

　　管理者在執行訓練計畫、評估工作績效、處理冤情投訴、採取紀律行動、溝通訊息與督導日常工作時，往往需要批評屬下之員工。由於批評——不論是口頭方式或書面方式的批評——是一種含有價值判斷成分的負面回饋，它很容易引致批評者與被批評者之間的對立或衝突。

　　請問：一、管理者在哪些情況下對員工施加批評才算允當？二、為了讓批評能產生良好的效果，管理者在批評員工時應該講求哪些要領？

解析

一、在批評員工之前，管理者必須先確定批評的範疇，亦即在哪些情況下施加批評才算允當。關於這一點，管理學者的一般見解是這樣的：

1. 當員工對管理者具有充分的信任時，管理者之批評才足以發揮效益。這即是說，一旦員工不信任管理者，則不論批評之本身是多麼正確或是多麼應該，員工將不情願接受它。

2. 當管理者立意幫助員工，且相信有可能幫助員工時，其批評才算適切。管理者在施以批評之前，不但對自己助人的動機應該十分誠實，而且對自己的能力應有客觀的衡量。有些管理者雖然口口聲聲對員工說「這些都是為你著想」，但事實上他的動機卻在於令員工出醜，以遂其「自我」之滿足。另外有一些管理者雖然明知對員工無力相助，但卻照例批評如儀。總之，若無意願幫助員工，亦無能力幫助員工，則對員工之任何批評都不算得體。

3. 當員工的不當行為有可能重複發生，且有可能予以糾正時，才值得管理者施以批評。

二、批評的要領

確定了批評的範疇之後，管理者仍須講求批評的要領，以收批評之實效。底下是管理學者所貢獻的一些批評要領：

1. 選擇適當時機

時機之選擇，對批評之能否收到實效，具有莫大之左

右力。管理者在選擇批評的時機時，至少應注意以下三點：
（1）在自身心境正常，且能客觀盱衡事物時，才施以批評；
（2）要趁員工對其不當的行為，記憶猶新之際做出批評；
（3）要在員工之心境適合接受批評時，才施以批評。員工之心境在哪一個時候才算適合接受批評，這是一種見仁見智的問題。但是當員工處於心平氣和狀態，甚至當員工主動要求對他提出意見之際，肯定是管理者施以批評的良好時機。

2. 切忌含糊與籠統之措辭

　　許多管理者因擔心被員工視為刻薄尖酸，故在批評員工之際，無不就措辭再三斟酌，務使剛烈的話語轉變為柔軟的表白。以下便是幾個現成的例子：將「喜歡鬥毆」說成「為贏得論點及吸引注意而訴諸體力手段」；將「說謊」說成「難以區分幻想與實際」；將「作弊」說成「有待進一步學習尊重公平競賽之規則」；將「疏懶」說成「為改善工作而須施以廣泛之督導」。以上各例顯示，委婉之措辭往往足以促使觀念本身變得含糊籠統。此外，尚有一些管理者主觀性太強兼想像力太豐富，往往將具體之事物誇大為抽象之指陳，例如將「你的報告遲了兩天繳！」說成「你懶！」；將「你不應該在昨天的會場頂撞上司！」說成「你不應該抗命！」等。這類的指陳不但使事物失真，而且容易挑起員工之反感。

3. 切忌顯示置身事外之態度

批評員工時，應令員工感到這不只是員工本人的事，而且也是管理者責無旁貸的事。為了加深員工的這種感覺，管理者在選擇批評的場地時，應該選擇員工的隱私權得到維護的場地。如果因環境之限制，不得不要求員工前來管理者的辦公場地時，則管理者應注意下列四件事：（1）不要在辦公桌周圍踱來踱去；（2）不要若有所思地凝視窗外或天花板；（3）不要搜索抽屜；以及（4）避免接見訪客或接聽電話。管理者如能做到以上四件事，則員工將會感到此時他是管理者注意力的焦點。這樣不但能縮短員工與管理者之距離，而且也能減輕員工對管理者的批評之抗拒。

4. 切忌藉其他員工作不利之對比

管理者在批評甲員工時，若藉遠較甲員工優越的乙員工為對比，以襯托出甲員工之低劣，則勢必引起甲員工之敵視。但是反過來，倘若管理者在批評甲員工時，藉遠較甲員工低劣的其他員工為對比，以襯托出甲員工之優越，此種比較對甲員工或許足以產生某種程度的激勵效果。因此，管理者在批評某員工時雖可考慮藉其他員工作有利之對比，但千萬不能藉其他員工作不利之對比。事實上，拿一位員工與另一位員工作人際對比（Inter-personal Comparison）所產生的效果，遠不及針對同一位員工之過去與現在作對

比，或是針對同一位員工之長處與短處作對比（Intra-personal Comparison）所產生的效果。底下是兩個實例：

・「為什麼你最近這個月的績效遠低於上個月的績效？」
・「你很賣力工作，可是卻很粗心。」

5. 切忌使用戲謔之言詞

對接受批評的員工來說，批評或多或少會引起自尊心之損傷。管理者以嚴肅的態度所作的批評，較容易為員工所接納，因為嚴肅的態度被員工視為對他尊重的表示。但若管理者以戲謔之口吻從事批評，則不論其動機如何友善，終將引起員工之不滿，因為戲謔之口吻往往被員工視為一種諷刺。這世界上真正具有幽默感的人並不多，因此在批評時切忌使用戲謔之言詞。

6. 切忌誇張

管理者在批評員工時應避免使用誇張之字眼，例如「你老是本末倒置」中的「老是」；「你從未站在公司的立場去看問題」中的「從未」等。含誇張字眼的批評，通常都是過度嚴重的批評，這對被批評者來說是不公平的。

7. 切忌多重之批評

管理者每次只應批評一件事，而不宜將幾件事聚在一起批評，因為多重之批評將使員工分不清事情之輕重緩急，以致無所適從。

8. 應遵守「對事不對人」之原則

管理者之批評，應以員工在某一特定時間及特定空間之下的特定行為為對象，而不應以員工本身為對象。以員工本身為批評對象，即構成人身攻擊。一旦員工遭受人身攻擊，他自然而然地將採取含有敵意的防禦措施。在這種情況下，批評將隨之變質，而管理者對批評所預期的效果也將落空。

9. 切忌「讚揚→批評→讚揚」式之批評

有些管理者喜歡在批評之前及批評之後讚揚員工。但這並不是一種理想的批評方式，因為一來員工可能搞不清楚，管理者到底是在讚揚他還是在批評他，二來這種方式用多了，會使讚揚失去鼓勵性。有些管理學者認為，以「批評→輔導→展望」之方式從事批評較具實效。這種方式強調，對員工採開門見山地批評，然後再幫助員工探尋改進的途徑，最後再把改進之後的展望曉諭員工。

10. 切忌不留餘地

　　管理者對員工之批評，在相當程度內可以說是以直覺作為價值判斷之依據。由於「直覺」可能遠離「事實」，故管理者在批評時，切忌對員工的不當行為作「先入為主」或「一口咬定」式的論斷。因此，管理者若對自己之判斷或了解有所懷疑，應在批評之前事先諮詢他人之意見。

BB Deng
鄧頤倫

怎樣懲戒員工？

　　儘管我們都同意，最好的紀律是自律，但是一般員工通常均無法長期維持高度的自律，因此每一個組織都有必要訂定一套供員工遵循的行為規範——亦即不容觸犯之禁忌行為。一旦員工未能遵循該等行為規範，則將受到懲戒。

　　身負領導統御責任的管理者必須確切了解的是：懲戒之終極目的，是在於促使員工遵守行為規範，而不在於「擺平」或報復。基於此，行為規範本身必須合乎情理。一般管理者都同意：絕大多數員工都願意遵守合乎情理之行為規範。他們並非因為畏懼懲戒而遵守它們，而是認為遵守行為規範乃是正確的為人處世之道。

　　請問：一、一般企業所制定的行為規範——亦即不容觸犯的禁忌行為——是哪一些？二、一般企業對不遵守行為規範的員工，施加什麼樣的懲戒？三、如何讓懲戒措施發揮良

好的效果？

解 析

一、行為規範

    1. 不容觸犯的較輕微之禁忌行為

- 抄襲仿冒
- 習慣性遲到
- 隱瞞意外傷害事件
- 擅離職守
- 在工作時間內到處閒蕩
- 在組織的場地私下聚賭
- 打架
- 惡作劇
- 在組織的場地兜售貨品或奔走遊說
- 在工作中睡覺
- 在禁區內吸煙
- 不遵守安全規則
- 工作中飲酒
- 代他人打卡
- 隱瞞或掩飾不良之工作成果
- 過多缺點之工作

2. 不容觸犯的較嚴重之禁忌行為

- 惡意破壞組織之財產
- 公然之抗命
- 絕對不道德或不名譽之行為
- 偷竊
- 暗藏武器
- 在組織的場地公開聚賭
- 故意嚴重傷害他人
- 偽造組織之紀錄或文件

二、懲戒方式

　　一旦員工因犯規而須予以懲戒，則懲戒方式及其輕重程度應詳加考慮。一般企業用來懲戒員工之方式，大致上可按違規情節之輕重，區分為以下六種：

1. 口頭警告
2. 書面警告或記過
3. 特權之剝奪
4. 停職
5. 降職
6. 解聘

口頭警告是一種最輕微的懲戒。當員工初次違反較輕微的禁忌行為時，主管可考慮施以口頭警告。在實施口頭警告之同時，主管應積極輔導受警告之員工，以免令其重蹈覆轍。

書面警告或記過較口頭警告嚴重，因為這種懲戒將被列入員工人事紀錄之中，以作為存證之用。

特權之剝奪具有多種不同的型態，例如剝奪免於打卡之自由、剝奪免於穿著制服之方便、剝奪免費停車場之使用權等。特權之剝奪，旨在藉著收回象徵身分與地位的權利，以令員工就範。

停職係指以勒令停工作為懲戒違規員工之手段。停工期間之長短，視情節之輕重，可以是一日或數日，一週或數週。在停工期間，員工得不到薪資收入。這種懲戒之基本構想，是以員工之經濟損失來迫使他們循規蹈矩。當口頭警告、書面警告或記過，甚至特權之剝奪起不了實質作用時，主管可以考慮採用停職這種懲戒方式。不過這種懲戒方式含有兩種潛在缺陷：（1）主管在員工停職期間內，不易找到適當的替手；以及（2）被停職的員工一旦復工，其工作態度可能比停職之前更加惡劣。基於此，有些管理學者遂主張，應避免以停職作為懲戒手段。

以降職作為懲戒手段是不多見的。降職的適切使用場合應該是：員工無法勝任目前的工作。倘若員工能夠勝任目前的工作，但卻因違規而遭受降職處分，此種處分含有三種缺

陷：（1）降職對遭受處分的員工而言，是一種無可彌補之屈辱；（2）由降職而引起的經濟損失，可能危及員工之生活；以及（3）將員工由一需要較高技能的職位，降至另一需要較低技能的職位，不但令員工無法施展其所長，而且對組織本身也是一種無謂的浪費。

解聘有時被稱為「工業死刑」。這種處分對遭到解聘的員工可能產生極嚴重之後遺症，例如受解聘之後難以找到理想的就業途徑，或是喪失過往所累積的公積金或退休金等。其次，對組織本身而言，開除一位富於經驗的員工是一項重大的損失，因為訓練接替人選所費不貲。基於此，一般組織對解聘均採極度審慎的態度。

前文所提及的一些禁忌行為之中，如員工初次觸犯了較輕微的禁忌行為，主管通常皆以口頭或書面警告懲戒之。但員工若屢次觸犯該等禁忌行為，則懲戒將累進加重，直到解聘為止。不過，員工如觸犯較嚴重的禁忌行為，則即令是初犯，也可能導致解聘之處分。至於懲戒之輕重程度，管理學者認為應參照以下諸種因素確定之：

- 違規行為發生之客觀環境
- 違規員工之服務年資
- 距上一次違規處分之時間
- 組織本身處理類似行為之往例

- 違規員工過去之工作表現
- 違規員工改過向上之可能性
- 懲戒違規員工之後對組織所可能產生之影響
- 上司或公正的第三者之意見

三、發揮懲戒之效果

懲戒之終極目的，既然在於促使員工遵守行為規範，為達此目的，主管在實施懲戒之際，必須講求技巧。一個值得借重的技巧，便是麻省理工學院名管理學者馬格理格（Douglas McGregor, 1906～1964）所主張的「熱爐原則」（Hot Stove Rules）。馬格理格將懲戒比喻為觸及燒熱的火爐。他指出：（1）火爐一燒熱，一定會出現紅色的信號，提醒人們要遠離它，以免受到傷害；（2）倘若某人不理會紅色的信號，以手接觸火爐，他將立即受到灼傷；（3）不管是誰，只要不理會紅色的信號，以手接觸火爐，誰都會因而受灼傷；（4）一個人之受灼傷，導因於他觸及火爐的行為本身，與他的身分或地位無關。馬格理格根據上述四個比喻，推導出底下四個「熱爐原則」：

原則一　事前警告

猶如火爐燒熱一定會出現紅色信號來提醒人們那樣，在實施懲戒之前，主管必須要向員工宣導哪些是不可觸犯的

禁忌行為，以及一旦觸犯該等禁忌行為，將會受到哪種程度的處分。換句話說，在懲戒員工之前，應給予員工足夠的警告。倘若員工不明就裡地受到懲戒，他們將會反彈。其次，假定某些規章公布良久，但主管一直未能按章實施懲戒。在這種情況下，如果主管突然抓住一位違規員工而按章施以處分，則違規之員工及未違規之員工均將感到意外與不平。不過，這並不意味形同具文之規章將無法再度實施。只要主管在重新執行該等規章之前，能給予員工適切的與清晰的事前提醒即可。

原則二　即時懲戒

　　猶如不理會紅色信號以手接觸火爐的人，將立即受灼傷那樣，違規的員工應儘快地受到懲戒。懲戒愈是緊跟著違規行為，員工因為對自己的違規行為記憶猶新，所以愈能將懲戒視為違規之後果，而不致於歸咎主管。但若員工違規之後，主管遲遲不採取行動，則員工很自然地會產生僥倖心理，以為主管未曾注意到他的違規行為，或是主管有意「放他一馬」。可是當主管終於採取懲戒行動時，違規員工會因感到「莫測高深」及「反覆無常」而喪失對主管的信心。儘管懲戒之時機非常重要，但這並不是意味，為了爭取懲戒之時效，而可對違規事件之調查工作草草了事。「即時懲戒」之真正涵義在於：主管應及早關注違規行為，並儘快完成調

查工作，以便實施懲戒。當一種違規行為之實情並不明朗，但有必要採取緊急行動時，或是當違規行為極為明顯，但卻難以決定懲戒程度之輕重時，一般之作法是先終止違規員工之工作，直到具體的懲戒措施頒布為止。值得注意的是，除非員工的違規行為本身至少將被處以停職之懲戒，否則不應濫用它。

原則三　懲戒之一致性

前文曾經述及，不管是誰，只要不理會紅色的信號，以手接觸火爐，誰都會因而灼傷。同理，不管違規者是誰，只要是同樣的違規行為，在原則上均應施以同樣的懲戒，此之謂「懲戒之一致性」。值得注意的是，「懲戒之一致性」並不是意味，懲戒之輕重應完全以違規之情節為決定因素。違規情節之輕重固然重要，但違規員工之個人背景及處境亦應列入考慮。關於這一點，前文在探討懲戒方式時已述及。

原則四　對事不對人之懲戒

一個人之受灼傷，是因為他在某一時空之下的某種動作所造成，這跟他的身分或地位毫無關聯。同理，員工之所以受到懲戒，是因為他在特定時空之下的特定行為違反規章所致，這與員工之身分或地位無關。秉持這種認知的懲戒，謂之「對事不對人」之懲戒。主管應特別留意的是，在懲戒過

後，他對待受罰的員工之態度，應與受罰之前完全相同，否則員工會認為，主管所懲戒的是他本人，而非他在某一時空之下的某種行為。

3-49

浮報開支

　　某家具公司的業務主任，剛剛完成潛在客戶開發狀況的追蹤工作。他很驚奇地發現，過去半年，業務員向公司所呈報的122家新開發的潛在客戶之中，只有62家是真正拜訪過的，其餘的60家皆屬虛構。該業務主任推測，過去半年，業務員浮報開發新客戶的開支，至少高達總開發費用的55%。經過他一段時間的明查暗訪，發現業務員的這種陋規，不但行之已久，而且已成公開祕密。從浮報開支這件事來說，沒有一位業務員是清白的。

　　業務主任認為，儘管手下的業務員皆是資深的業務員，他不能不對他們採取維護紀律的行動，他甚至覺得必須全部予以解僱。但是，營業額的多寡是公司的命脈，提升營業額更是他責無旁貸的事。假如他解僱該等業務員，將使來年的業績受到莫大的影響。

請問：該業務主任有沒有什麼方法，既可消除浮報開支的陋規，又可維護業績？

解 析

1. 所謂陋規，即指任何行之已久且已成公開祕密的非法行徑。嚴格來說，陋規是一種見不得光的既得利益。因此，消除陋規無異於對既得利益的剝奪，這種作為必然會遭遇嚴厲的抗拒。

2. 本個案中的業務主任，想必是一位到職不久的「空降部隊」。因為他是外來的人物，本身並不繼承新工作崗位的歷史包袱，且嗅覺靈敏，所以才能正視浮報開支的陋規。設若該業務主任是由原單位的業務員升任，則要麼他嗅不出浮報開支的陋規，要麼他老早已與其他業務員一樣同流合汙，而不敢正式處理它。

3. 倘若該業務主任得不到公司最高當局——譬如說總經理——的鼎力支持，則消除浮報開支的陋規將無法取得具體成效。

4. 殺雞儆猴——即找出一、兩位業務員開刀，以儆效尤——是處理陋規時經常被使用的一種策略。這種策略並不理想，因為既然沒有任何一位業務員是清白的，那麼為什麼偏偏只找少數特定人物開刀？這樣做，會被視為不公平，且容易招致反彈。

5. 既然該業務主任一方面要消除浮報開支之陋規，另一方面又要維護業績，在這種情況下，他可以採行兩階段式的對策。第一階段，他可以在最高當局的鼎力支持下，宣布「既往不究」政策。他必須很清楚地讓每一位業務員了解，該政策宣布之前業務員的所有浮報開支行為，一概不予追究，但該政策宣布之後的所有浮報開支行為，則一律嚴厲究辦。不過，該政策之宣布雖然足以產生嚇阻效果，但卻不足以根除浮報開支之陋規，因為除非能找到導致該陋規之真正原因，並對症下藥，否則業務員遲早還是會鋌而走險的。基於此，在第二階段裡，該業務主任必須跟公司內部有關人員，一起診斷業務員浮報開支的原因，並設法消除該等原因。從常理推斷，業務員之所以會浮報開支，可能跟費用報支制度、薪資制度、獎金制度、內部稽核制度是否健全有關。因此，透過以上諸種制度之檢討與改進，才可以根除浮報開支之陋規。

兼差問題

　　美穎公司是一家擁有250位員工，專門生產印刷電路板的廠商。一月下旬，公司當局發現，有五位重要的員工以配偶或親戚名義自組公司，遂予開革。該公司發言人聲稱，公司在某週二發現此事，隨即於週四採取開革行動。

　　該公司副總經理麥耀東說：「公司的政策是不准許員工介入任何可能與公司利益產生衝突的行業。」他進一步指出：「美穎公司的許多員工都兼有副業，但那五位員工卻始終沒有對自己的兼差行為向公司報備。他們在三個月前，就創設了名為『先進電路板公司』的組織，並推舉狄霍菲為幕後經營者。」

　　在美穎公司待了六年，並擔任生產部經理的狄霍菲在接受訪問時指出，他們五個人為了自我節制才隱瞞創業計畫。他們都是利用業餘時間推動該項計畫。他補充說，他們自行

創業是為了追求挑戰，對美穎公司並無任何不良意圖。他們認為，每一家公司均有權執行自認為最適宜的政策。他們對美穎公司的開革行動並無怨言。狄霍菲進一步指出，他們的公司甚至希望能夠供應美穎公司裝配電線所需的電路板。如果這種希望成為事實，則先進電路板公司與其說是美穎公司的競爭對手，毋寧說是它的供應商。

美穎公司的麥耀東審慎地指出：「就我們所知，狄霍菲等五人的行為並不違法，而且本公司的業務也未受到影響。不過，這是一樁令人不愉快的事。」

狄霍菲指出：「我們費盡心血，促使美穎公司成為國內最好的印刷電路板廠商之一。但是，我們也想創造出國內最好的電路板公司，雖然它不一定是最大的。」

麥耀東未曾表示對狄霍菲等人的在職表現有任何不滿。事實上，這五個人頗受美穎公司所器重。

請問：（1）員工兼差對提供全職工作的公司可能產生哪些不利的影響？（2）公司應制定什麼樣的政策來規範員工的兼差行為？請評論上一個案中，美穎公司對狄霍菲等五人兼差的處置方式是否得當？

解 析

1. 員工兼差對提供全職工作的公司而言，可能產生四種不利的影響：第一、兼差的員工之貢獻度將會下降。

比方說，該員工本來每個月的總工作時間為 208 小時（8 小時乘以 26），如今為了兼差，他每天花用一小時的上班時間處理兼差事宜，結果他每個月所實際付出的工作時間只剩 182 小時（208 小時減 26 小時）！公司每個月還是支付給他 208 小時的薪水，這等於是說公司每個月都為這位兼差的員工調高薪水 14%！第二、兼差的員工為了兼差之需要，將動用公司的資源，諸如電腦、印表機、電話、影印機、信封、信紙、郵票等。第三、員工兼差的行業有可能與公司處於利害衝突局面，因而導致公司之損失，例如公司機密之洩漏、客戶之流失等均是。第四、就不兼差的員工來說，兼差的員工有如特權分子那樣，這勢必引致不兼差員工某一程度之不滿。

2. 儘管員工兼差對公司足以構成傷害，但兼差本身卻是員工工作生涯中的一種自然行為。近年來，兼差行為愈來愈普遍。因此，兼差這種行為應該公開地予以政策性的規範。底下三種宣示可充作制定兼差政策之參考：第一、明確地指出，不准許員工介入任何可能與公司利益產生衝突之行業。（美穎公司的麥耀東曾指出，「就我們所知，狄霍菲等五人的行為並不違法，而且本公司之業務也未受到影響。」這一段話難以獲得認同，因為狄霍菲等五人在創業頭三個月之行為，

雖然不違法，也未影響美穎公司之業務，但當他們的公司茁壯發展到一定規模時，誰能擔保它仍不違規逾矩，且與美穎公司不產生利益衝突？）第二、開誠布公地與員工聊兼差情況，並探尋有無機會幫兼差員工「內部創業」。第三、明確地指出，公司對兼差員工所期盼的工作表現為何。

3. 美穎公司對狄霍菲等人兼差事件的處置方式，具有底下四項值得斟酌之處：第一、開革的決策在倉促中制定，不免令人覺得草率。星期二發現兼差情事，星期四即發布開革命令。這樣做，人們定然會覺得當局情緒的反應超過理智的抉擇。第二、「草率的開革」足以激起人們質疑：公司是否有權干預員工每天二十四小時之行為？顯而易見地，任何公司之員工均會排斥公司對他們私生活之侵犯。第三、儘管美穎公司之副總經理事後曾說：「公司的政策是不准許員工介入任何可能與公司利益產生衝突的行業。」但令人懷疑的是，這樣的政策是否曾經在事前做過明確的宣導，否則狄霍菲等人為什麼還要基於「自我節制」而隱瞞創業計畫？在他們認為自己的創業計畫與美穎公司的利益，根本就不發生衝突的前提下，還要隱瞞自己的創業計畫，可見美穎公司的兼差政策並不廣為員工所理解。由此可推知，該公司之員工對公司欠缺信心，致

使向上溝通受阻。在溝通受阻的情況下開革員工能算明智嗎?第四、開革五位員工對美穎公司來說可能得不償失。這五位員工均屬上進心強烈的重要員工,開革這五個人之後,其他員工對自己的兼差行為將更加保密。

4. 上一事件之分析,給美穎公司帶來了這樣的啟示:第一、為亡羊補牢計,美穎公司似可為這五位員工提供某種方式之經濟補償。第二、美穎公司之兼差政策應透明化,並加強該政策之宣導。

3-51

我的部屬向我的上司述說我的是非，怎麼辦？

我的一位部屬直接向我的上司抱怨說，我對他的督導方式不得當。於是我的上司向我建議，不如三個人聚在一起，面對面地釐清並解決有關問題。我覺得這樣做有點不妥，但卻不知如何對付這種局面？

解析

你的感覺是對的。假如你接納上司的建議，那無異乎是說，只要你的部屬對你有任何不滿，他都可以越級去找你的上司，並要求你的上司召開「三邊會談」！

向你的上司表白，你深信你與該部屬之間的問題，必須經由你跟該部屬一起解決，上司不宜介入。因為上司一旦介

入，不僅足以削弱你對部屬的領導力，而且上司也將源源不斷地接到部屬對你的抱怨！

如何面對越級指揮的上司
及被越級指揮的部屬？

　　「指揮系統之尊嚴應受維護。」這句話雖然經常掛在上司嘴上，但他說的是一套，做的卻是另外一套！你屬下的老張，不知基於什麼原因，經常與你的上司走得很近。你發覺有好幾次，上司都在你不知情的狀況下，向老張發號施令。結果，不但令你對整個部門的人力配置與工作進度喪失掌握，而且也養成老張目中無人的囂張態度。

　　請問：如何面對越級指揮的上司及被越級指揮的部屬？

解　析

　　1.當你發現上司對老張進行越級指揮——特別是當你頭
　　　幾次發覺這種情況時——切忌抱持憤恨之態度，而應

心平氣和地檢討上司越級指揮的原因。首先，你應設法了解，上司是否因為事出緊要而你又剛好不在場，所以直接向老張發號施令？設若情況確是如此，則只要上司或老張事後將越級指揮的情事知會於你即可。這種權宜性的越級指揮是不足為慮的。其次，請你捫心自問：你對上司過往的要求或指示，是否無法及時地、徹底地予以履行，而令他對你喪失信心？果真如此，則「反求諸己」才是杜絕上司越級指揮的根本辦法。

2. 經過以上的檢討之後，倘若你能確定上司之越級指揮作風，是來自他對指揮系統的漠視，那麼你可採取底下兩種途徑對付之。

（一）正面地但卻委婉地向上司表達：

• 你發現他越級指揮老張。

• 你知道他這樣做並無惡意。

• 他這樣做，足以（1）削弱你的權力，並讓你置身於權責不相稱之境地；（2）令你無從了解老張的現況；（3）干擾你的部門之工作進度；（4）迫使老張處於左右為難的窘境；以及（5）養成老張目中無人的囂張態度。

• 你深盼爾後他不再越級指揮老張。

（二）以強而有力的態度，向老張宣示你的立場與要求。你可採取類似下列的話語表達你的意思：

- 「我的頂頭上司，是一位受我高度尊重與擁戴的人。」

- 「然而有時可能事出重要又緊急，致使他向你越級指揮。」

- 「我希望你繼續對他顯示應有的尊重。同時也希望你記住，在正常情況下，我是本機構中唯一有權指派工作給你的人。」

- 「此後，我的上司若越級指揮你，我希望你當場予以接納。但事後你應在第一時間，向我報告你被越級指揮之詳情。我會當場告訴你怎麼辦。假如我告訴你，按照我上司的指示去做，這將表示我認為他的指示，在重要性與緊迫性上都值得我們立刻為他效力，但這並不意味我贊成他越級指揮的作風。我也可能制止你處理我上司交辦的事，但我會立即向他說明，何以我不同意你處理他交辦的事。」

3. 倘若以上兩種途徑均發揮不了作用，則你應該堅定地但卻技巧地向上司「攤牌」。「攤牌」的時機，是當你再度發現上司越級指揮老張的時候。至於「攤牌」的方法，則可說出類似這樣的話語：「我剛剛發現您指派工作給老張。您是否要他暫時停止我先前交代給他的工作，以便處理您指派的工作？還是讓他做妥我先前交代給他的工作，然後再做您指派的工作？」

3-53

會議是處理問題不可或缺的工具嗎？

　　提起會議，許多人的反應通常都趨向兩極化。有些人認為，會議是一種絕對不可或缺的管理工具，「捨會議，別無他途！」「不開會，那還得了！」是這些人的口頭禪。他們可以舉出許許多多的理由來支持自己的見解，他們講得頭頭是道，而且言之成理。另一些人則認為，會議是浪費時間與打擊士氣的一種不良舉措。「會無好會！」「會議！會議！會而不議、議而不決、決而不行、行而不果！」是這些人經常掛在嘴上的口訣。他們也可以舉出許許多多的理由來支持自己的見解，他們照樣講得頭頭是道，而且言之成理。我個人在工作舞台上已連續工作了十年。稍為誇張地說，我已累積了十年的開會經驗。有時我覺得會議是不可或缺的，有時我卻覺得會議是浪費時間與打擊士氣的一種舉措。請問：到底我們應以哪一種心態來看待會議才對？

解　析

　　將會議視為「不可或缺」，或是將會議視為「浪費時間與打擊士氣之一種舉措」，這兩種極端的見解都有道理。但若它們都有道理，這也表示它們都沒道理！從一個極端角度來看，假如你堅信會議是不可或缺的，那麼請問：「你有沒有看過哪一個機構只是因為不開會而垮台？」相信你的答案是「沒有！」再從另一個極端的角度來看，假如你唾棄會議，把它看得一無是處，那麼請問：「你有沒有看過哪一個機構從來不開會？」相信你的答案仍然是「沒有！」何以人們對會議居然抱持這兩種互不相容且脫離現實的極端見解？原因恐怕是：他們都給會議做了過分偏頗的定位。

　　會議是三個或三個以上的人，為達成特定目標，循一定規則而進行的多向面對面溝通。根據這個定義，我們可以給會議做比較適切的與比較中肯的定位。會議既然是以達成目標為導向，它無可置疑地是一種管理工具。運用會議這種工具所能達成的特定目標至少包括：資訊之提供，資訊之搜集，問題之解決，觀念之推銷與培植訓練等。固然會議是達成上述特定目標的一種工具，可是它卻非唯一的工具。換句話說，會議所能達成的目標，總是可以找到替代途徑來達成，儘管這些途徑，從「成本／效益」的角度來衡量，並不一定比會議更為理想。基於此，我們可以持平地說：會議不一定是必要的，而是可要的。會議有它不可或缺的場合，有

它可以使用的場合，也有它不適宜使用的場合。

　　無論如何，會議是一種相當有用的管理工具。可是，使用這種工具的代價卻極為高昂。就一般工作機構中的從業人員而言，倘若每週平均要花四個小時的時間開會，一年如果有五十個工作週，那麼一年總共的開會時間為兩百小時。再若一生的總工作年數為四十年，那麼在這四十年中，總開會時數為八千小時。以八千小時除以二十四小時，結果大約等於三百三十三天。這即是說，如果你每週花用於開會的時間為四小時，那麼稍微誇張地說，你一輩子開會時間將為「一年」！這「一年」是按三百六十五天計算，而每一天是按二十四小時計算。可是你平常一天的上班時間為八小時，因此「一年」將等於「三個上班年」！倘若你年薪為一百萬元，你的僱主在你一生中支付給你開會的代價，至少為三百萬元！不知你聽到這個數據，有沒有「驚到」？

　　使用會議這種管理工具的代價既然這麼高昂，我們應該將會議開得富於實效。我們要提醒你的是，以後你如果產生「會議意識」，請馬上踩住煞車，先研判有無開會的必要。更具體地說，當你遭遇某種問題，你很可能馬上聯想到要開會。此時，你應該探尋一下解決該問題的各種可行途徑。比方說，該問題共有三種解決方式：（1）由你當機立斷地予以解決；（2）授權某人幫你解決；（3）訴之於會議的方式予以解決。從成本與效益的角度評估，倘若前兩種方式中的任何

一種較為划算，則採用該種方式解決，那就不用開會。但若開會畢竟是最划算的一種解決方式，那麼你就非開會不可。

　　總而言之，會議有時是必要的，有時則不是必要的。請千萬不要迷戀會議，也不要盲目地排斥會議，而應該審慎地使用會議這種工具。

3-54

勇敢的銀行出納員

　　某日下午三點半左右，某銀行出納員李文哲正在清點現金存量。一個身體魁梧的匪徒突然持槍指令他交出全部的大鈔。李文哲照辦。匪徒在無任何阻礙之下衝出銀行大門，並跳進一部在外接應的車子。李文哲一俟該匪徒衝出大門，立刻按警鈴，並且在幾十秒之內跳上停放在銀行門口那輛屬於自己的機車，死命地追逐匪車。在某一十字路口，適逢火車經過，匪車不得不停下來，李文哲就在這個時候趕到。說時遲，那時快，李文哲逮住其中的一個匪徒。糾纏中，李文哲的左腿挨了一槍，但他仍不罷休。就在那千鈞一髮的時候，警車開到，不但替李文哲解了圍，而且也逮捕了兩個匪徒。

　　這個事件發生之後，報紙與電視對李文哲的勇敢表現大肆宣揚，將他捧為英雄。但是，銀行的高階主管卻為這事件傷透腦筋。該行對付搶劫的一貫政策是：（1）完全依照匪徒

的要求行事，以避免行員或在場的顧客受到傷害；（2）在無安全顧慮時立即按警鈴；（3）等待警方、保全公司及保險公司前來處理善後。違反這個既定政策者，一律開革。

該行總經理認為，李文哲既然違反了政策上的要求，按規定應予開革。人事處處長認為，李文哲忠於職守的英勇表現，應該可以抵銷他違反政策之過失。公共關係處處長認為，一旦李文哲被開革，則社會大眾對銀行之作為將難以諒解。訓練處處長認為，假如銀行的既定政策不能貫徹，則勢將導致紀律廢弛之後果。

請評論本事件。

解 析

1. 這是一個嚴重事件，因此總經理才諮詢相關的主管，以便制定明智的決策。不過四位與會者卻有相當分歧的見解。總經理主張應對李文哲施以開革之處分。這種主張是可以理解的，因為總經理是規章之守護神，一旦員工違反規章，總經理有責任貫徹規章之要求。

2. 人事處處長之見解頗為怪異。首先，他認為李文哲之表現是「忠於職守」與「英勇」。根據該行對付搶劫的標準作業程序，李文哲應該留在現場，等待警方、保全公司及保險公司前來處理善後。但是李文哲卻衝出銀行大門去追逐匪徒，這樣的行為顯然是「擅離職守」

而非「忠於職守」。其次，李文哲以非專業警察的身分，赤手空拳追捕匪徒，固然是生猛無比，但這種生猛似乎應被冠上「愚勇」而非「英勇」兩個字。最後，人事處處長主張「功過相抵」。功與過能否相抵，是多年來學界與業界無法建立共識的一個難題。不過，倘若一個人願意接受「功過相抵」之觀念，則該觀念似乎應該嚴格限定為「後功抵前過」，這樣才能鼓勵人們改邪歸正並努力上進。一旦「功過相抵」被解釋為「前功抵後過」，則將變相鼓勵人們犯錯。有時，一種行為本身，足以同時產生功與過兩種後果（李文哲的行為就是這樣，他一方面提升了銀行之知名度，但另一方面卻破壞了銀行的安全規章）。倘若同時產生的功與過可以相抵，則規章本身將形同虛設，規章之尊嚴也將因而掃地！

3. 公共關係處處長傾向於不開革李文哲。這是很容易理解的一件事，因為李文哲的作為無形中為銀行的公關開創了一個新的局面。一旦銀行決定開革李文哲，則公關處處長將面對後續的輿論之責難。不過，換一個角度來看，倘若李文哲在追逐匪車過程中不幸中槍死亡，連帶造成若干無辜的行人受害，不管匪徒最後有沒有被逮到，輿論勢必紛紛指責銀行草菅人命及疏於安全防護。假如事態果真是如此，公共關係處處長

勢必要改口主張開革李文哲以維護銀行形象！由此可見，公共關係處處長純然是從本位主義之立場提供意見。

4. 訓練處處長傾向於嚴懲李文哲，因為李文哲之破壞規章，不但足以影射過去之訓練績效不彰，而且也足以妨礙未來訓練工作之推動。訓練處處長之意見，也具有濃厚的本位主義色彩。

5. 「安全第一」應該被視為一種守則，而不應該被當作一種口號看待。制定這個守則的基本精神在於：肯定人的價值最高。這個守則常常被曲解成「變相鼓勵搶匪來光顧銀行」。事實上，只要銀行能裝置良好的警報設施，並嚴格要求行員恪遵對付搶劫的標準作業程序（亦即個案中所明示的三個步驟），則破案率將可提高，匪徒也將不敢輕易地前來光顧。

6. 「制法從寬，執法從嚴」是制定規章與執行規章所依循的準則。「制法從寬」的「寬」，是指合乎人情與合乎道理。只要規章本身是合情又合理，規章之執行就必須從嚴，絕不輕易接受「法外施恩」或「法律也不外人情」之類的論調。本個案中對付搶劫的政策，是歷來各金融機構所遵守的合乎情理的規章，因此它不容輕易違背。

7. 國外某銀行面對類似本個案之處理方式是這樣的：由

銀行總經理召開記者招待會，在會中莊重宣布，為保障行員及客戶生命之安全，銀行當局在審慎考慮後，決定開革李文哲，但給予李文哲一筆撫恤金。該事件發生後兩年，該銀行再度提供工作機會給李文哲。這是一特定之個案處理經驗，它未必是最好的經驗，也未必適合每一種情況之處理，但它卻可供作參考。

3-55

群體決策

　　某工廠廠長吳文輝，參加某大學所舉辦的為期一週的「決策技巧研討會」之後，感覺收穫良多。他對研討會主持人之一的邱教授特別景仰。邱教授在研討會中一再強調：只要讓員工有機會參與組織的決策制定，則不但決策的品質可以改善，而且員工對決策的接受程度也可以提高。

　　吳廠長銷假上班之後，一直希望將邱教授的那套觀念付諸實踐。於是他召集製造課的25位員工開會。會中吳廠長指出：在機器設備不斷更新的現況下，數年前所訂定的生產標準已偏低。他要求這25位員工透過集體討論，以確定新的生產標準。吳廠長認為，員工經過集體討論後所提議的新標準，必定會高過他所想像的標準。

　　25位員工經過三個小時的討論後，一致認為：目前的生產標準本已偏高，應削減10%才合理。吳廠長深信，將生

產標準降低10%，就無法為股東賺取合理的利潤。但很明顯的是，假如吳廠長不接納員工的這個建議，將產生嚴重的後果。就在吳廠長左思右想不得其解的時候，他致電邱教授請教對策。

（1）試評論吳廠長在落實參與管理的觀念時，犯了什麼錯誤？

（2）假如你是邱教授，在接到吳廠長的電話後，你會建議何種對策供他參考？

解析

1. 「一知半解有時比完全無知更可怕。」這一句格言可以從吳廠長的粗糙作為中得到印證。任何變革都可能導致抗拒，因為它不僅足以促成既得利益之重新分配，而且還將威脅到潛在利益之擁有。基於此，任何變革之推動，都必須經過事先詳盡與嚴密之規劃。吳廠長的舉措幾乎是即興式的，毫無前置作業可言。

2. 吳廠長犯了三大錯誤。第一、他將不應該授權處理的事項——生產標準之訂定——授權給部屬，這是非常可怕的一件事。就部屬的知覺而言，生產標準總是偏高。倘若授權他們決定生產標準，他們必然要求降低！第二、生產標準之訂定固然不應假手部屬，但這

並不表示它不能讓部屬參與。任何決策之訂定，必須考慮網羅底下三種人選來參與：（1）對決策品質之提升有潛在貢獻的人；（2）可能受到決策影響的人；（3）對決策之推動足以產生阻力的人。此外，我們不應該讓沒有能力或沒有意願承擔決策後果的人，參與決策之制定。這即是說，你若想參與決策之制定，那麼你就必須受到你所參與的決策所規範，而不應自外於它。這才算是負責任的參與。現場的作業員固然符合上述三個網羅參與人選的原則，但是代表資方權益的廠長、對生產標準最在行的工業工程師，甚至財務部門、業務部門的主管等都有必要納入。在探討生產標準之訂定時，所有的參與者——特別是作業員——必須被提醒，他們可以提出他們認為明智的任何意見，但是他們必須承諾，他們將受到他們參與的決策所規範。舉個例子來說，倘若他們在群體決策中，確定生產標準要降低10%，但其結果將導致公司虧損而必須裁員，那麼他們就應該接受裁員的安排，而不應採抗爭行為。吳廠長對參與人選的網羅，顯然考慮有欠周詳。第三、吳廠長只應該網羅少數一、兩位有代表性的作業員參與生產標準之訂定，而不應該讓25位作業員全部介入。

3. 既然這25位作業員經過討論後一致認為，要將目前

的生產標準削減10%，這將置吳廠長於異常尷尬的困境。一來他不能接受這種決策，因為一旦接受它，則股東權益將嚴重受損；二來他不能拒絕接受它，因為他一旦拒絕接受，則必將引起嚴重的反彈。倘若邱教授提供即時雨來解決吳廠長枯乾的心田，相信邱教授的處方會是這樣的：請吳廠長勇敢地面對25位作業員，告訴他們，他已了解他們要求降低生產標準10%的看法。同時告訴他們，兩個禮拜後的某一天（假如預估兩個禮拜的時間足以做妥各項準備），他將親自主持一場會議來決定生產標準。屆時公司裡的工業工程師、業務部門主管、財務部門主管……均會出席，請25位作業員推舉兩位代表出席這場會議。此外，吳廠長應特別提醒那25位作業員，請他們推舉的代表務必要準備資料或數據，以解釋要求生產標準降低10%的理由。

4. 在兩個禮拜後的會議裡，吳廠長應將各種不同的生產標準之下的生產力、營收狀況、投資報酬率、獎金給付能力、調薪能力、作業員之工作負荷等，用數字明確地展示出來。倘若吳廠長能以具體數字闡明，生產標準如降低10%，勢將引起許多不利的後果（包括可能的裁員或降低調薪幅度等），但若生產標準提高（譬如說提高5%），作業員的負荷只有些微的加重，但額

外的好處卻不少（比方說薪資、獎金等之調幅或給付將會加大）。根據這一些會說話的數字，相信吳廠長可以順利擺平他所面對的窘境。

員工問題之診斷與處理

鑰匙遺失

　　某日凌晨，某精神醫院院長接獲通知：用以開啟嚴重病患的病房之兩把鑰匙不見了！所幸備用鑰匙依然留在保險櫃內，因此兩把鑰匙的遺失並不影響醫院之正常作業。院長決定一早上班即刻召開各部門主管會議，以商討對策。

　　院長在會議中，將遺失鑰匙之事告訴各部門主管，並請他們提出對策。以下為各部門主管之意見：

- 副院長認為，遺失鑰匙之事應嚴加保密，以維護醫院形象，並避免主管當局之查詢與責難。

- 安全主任表示，該等鑰匙究竟是被偷或是不慎遺失，雖然不得而知，但若是被偷，則後果堪虞，因為這兩把鑰匙是萬能鑰匙，它們可以開啟所有嚴重病患之房門。基於此，他認為應將所有嚴重病患的房門之鎖匙

全部換新，以免發生不幸事件。

- 會計主任指出，如果按照安全部門之意見更換全部鎖匙，則大約需花費125萬元。他提醒與會人員，醫院之營運成本因通貨膨脹及意外開支，早已超出預算10%，而且不久之前才向主管當局請求准予追加預算。今若再度要求增加125萬元之換鎖支出，恐怕得不到主管當局之諒解。此外，他更指出，目前距離本會計年度之結束日期尚不到60天，若要更換鎖匙，則最好是動用下一個會計年度之款項。

- 人事主任認為，就算該等鑰匙是被偷的，取得該等鑰匙的人或許不致於將它們使用於有害的途徑，何況該等鑰匙可能只是遺失而非被偷！拾得這兩把鑰匙的人，恐怕連它們的用途是什麼都不得而知，因此不必對整個事件過分擔心。

院長對與會者的意見表示感謝後，立即結束會議。他正面對著嚴重的決策關頭。他想到，那些嚴重病患一旦走出病房，肯定有人會受到傷害。他同時也想到，過去十三年來，他一直是一位完美無瑕的醫院院長。這次遺失鑰匙事件一旦被張揚出去，對他實現更上一層樓的理想顯然是有害的。就在他左思右想的當頭，他突然覺得最關緊要的事，莫過於對負責保管鑰匙的人施以處分。此外，他又意識到，安全措施

應重新檢討，但他卻不知從何入手。

試評論上一事件。

解析

1. 院長所召集的各部門主管會議，在性質上是屬於既重要又緊迫的危機處理會議。可是，這次的會議對醫院所面對的危機，卻提不出任何對策。這是一次徹底失敗的會議！平常，最受人詬病的一種集體活動，便是那些「會而不議，議而不決，決而不行，行而不果」的所謂「會議」。該醫院此次的會議，除了讓每一位主管抒發本位主義的觀點外，對如何化解目前的危機以及如何預防類似危機之發生，都沒有討論到。這是一次「會而不議」的「會議」，因此它沒有結論，更沒有行動方案或成果可言！

2. 在任何危機處理會議裡，主席事先應明確地設定會議目標。就本個案來說，短期目標應設定為「如何制止嚴重病患走出病房」，而中長期目標應設定為「如何改進安全系統」。欠缺明確目標之設定，與會者之發言當然無從掌控。此外，保管鑰匙的人不被邀請列席說明鑰匙遺失之經過，這顯然是一大敗筆。

3. 這間醫院，上至院長，下至各部門主管，都欠缺強烈的安全意識。「安全第一」不應被視為口號，而應被

當作優先順位最高的信念與守則。醫院院長在凌晨已被告知鑰匙遺失，一直到開完會，都沒有採取任何應變措施——諸如多派警衛、加強巡邏等——這是極不可思議的事。危機既已發生，他不但不集中全力設法處理危機，卻只想到自己的宦途與處分保管鑰匙的人！這是本末倒置。這種人過往十三年的工作表現，怎麼可能是完美無瑕？其次，副院長居然對可能造成公共危害的事件，要求嚴加保密，這是愚昧與不負責任的想法。任何公害事件，都需要借助主管當局之協助。只有當該等事件能有效地消弭，醫院的形象才能維持良好。安全主任除了想到更換鎖匙，卻未提出安全系統之檢討與改進事宜，顯然是嚴重地失職或不稱職！會計主任只想到預算，而不理會比預算更加重要的安全問題，這無異於患了一種短視與無知的病！人事主任不懂「只怕萬一，不怕一萬」的道理，竟然抱持僥倖的心理，提出似是而非的主張，其唯一結果便是：促使與會者的危機意識更加薄弱！

4. 有許許多多的人經常將「危機就是轉機」這句話掛在嘴邊，這是導致一般人危機意識薄弱的主要原因。「危機」可以說是「危險」加「機會」。如果「危險」渡不過的話，是不可能有「機會」出現的。因此，「危機就是轉機」這句話，應該改說成「化危機為轉機」！

3-57

意見調查

　　某製造公司最近曾針對25位中階主管，做一次祕密問卷調查，以確定該公司各部門之間工作關係是否良好。每位受調查者都被要求，為各個平行部門的合作性做出評估。

　　該公司執行副總經理在研判過調查結果後，對問卷裡所顯示的意見及看法頗感懷疑。受調查者一致認為，不管是從效率的高低、辦事條理化程度、或是配合聯繫之難易等角度來衡量，業務部門以外的所有部門，都令人感到滿意。

　　在回收的25份問卷中，有18份指出，業務部門需要重新整合。填問卷者認為，業務部門頗難以共事，因為它對其他部門總是擺出一副不合作的態度。

　　當執行副總經理將該意見調查結果向總經理提出口頭報告後，總經理當場指示說：「顯而易見地，這種情況必須立刻予以糾正。業務部門肯定是本公司最具謀利能力及最具

活動力的單位。我們注入於該部門的人力、財力與物力遠超過其他部門。業務部門的人員應確切地了解，他們必須認同並適應整個公司之要求。他們也必須了解，公司所期待他們的，不只是抓到訂單或是贏得客戶。我對你的要求是這樣的：將意見調查的結果交給業務部門的經理，並告訴他趕快扭轉目前這種局面，本公司並不光是為了業務部門的存在而存在！」

請評論本事件。

解 析

1. 一家公司偶爾針對其員工進行問卷調查，這是檢查企業體質與探尋經營盲點的一種正常舉措。至於到底是採祕密問卷調查，還是記名問卷調查，則無定規可循，因為這兩種方式的調查，利弊互見。不過，必須特別留意的是，不論採取哪一種方式的問卷調查，我們都必須輔以面談或實際觀察，以確認問卷調查結果之信度與效度。

2. 所謂信度（Reliability），即指在一段期間內重複調查，是否足以產生一致之結果。倘若其結果愈趨於一致，則該調查之信度愈高；倘若其結果愈是偏離，則該調查之信度愈低。從一般企業業務部門之屬性觀察，我們不難判定本個案調查的結果——即超過七成

的問卷回覆者對業務部門表示不滿——之信度頗高。在顧客導向與業務掛帥的前提下，業務部門之舉措極易招致其他部門之誤解、猜忌與不滿。譬如說，業務部門若答應客戶提前交貨，則很容易引發製造單位或儲運單位之不滿；業務部門一旦答應客戶延長票期，則可能引發會計部門或財務部門之抗議。此外，業務部門的人員如果偶爾擺出志得意滿的姿態，將進一步引發其他部門人員之排斥。基於此，業務部門與其他部門間的對立與磨擦，通常都頗為嚴重。難怪本個案調查結果之信度頗高。

3. 所謂效度（Validity），即指調查之結果是否足以反映調查之本意。本個案之意見調查，旨在了解各部門間之合作性。倘若調查之結果真正反映出業務部門之合作性，則可說該調查之效度高；但若調查之結果滲雜著業務部門以外的各部門平時對業務部門之不滿，而非單純反映出業務部門之合作性，則可說該調查之效度低。

4. 執行副總經理雖然對問卷調查結果頗感懷疑，可是他不但不試圖澄清事情真相，反而將這個問題丟給總經理去處理。他顯然嚴重失職！猶有進者，執行副總經理面對嚴重的問題，居然以口頭而非以書面方式向總經理提出報告，這是不負責任的舉措。執行副總經理

在本個案中所扮演的只是傳達口頭信息的「傳令兵」角色！

5. 本個案中最關鍵性的問題人物便是總經理。總經理犯了三種嚴重過錯：第一、他並不責成執行副總經理對問卷調查結果——特別是調查結果之效度——作進一步的了解與研判。第二、在「時間」並非關鍵因素的前提下，他居然下了倉促的決策，這表示他的行事風格是草率與不成熟的。第三、倘若本問卷調查之效度高——亦即業務部門的合作性確實不夠——則總經理應設法了解其肇因，並提出補救措施。但若本問卷調查結果之效度低——亦即業務部門的合作性並非不夠——則總經理的所作所為，事實上是在試圖解決一個本來就不存在的問題，亦即總經理事實上是在製造問題！

6. 業務部門的經理面對這種不利的情境，必須向上級申訴。他至少必須為業務部門爭取到釐清事態真象的機會，否則他不但嚴重失職，而且也不能見諒於他的屬下。

新員工謊報學歷

　　我在三個月前進用了一位行政助理。她聰明伶俐,負責盡職。由於態度誠懇,工作表現良好,她很快就贏得了公司同仁的好感。可是,最近在一個偶然場合裡,我發現她在應徵這個職位時謊報大學學歷。這一件事使我困擾不堪。根據本公司之組織設計,「行政助理」這個職位在學歷上的最低要求是大學畢業。儘管她的能力足以勝任這個職位的實質要求,但她卻欠缺形式上的條件!我真不知怎麼辦才好?

解析

　　健康的工作關係,是建基於同事相互間之誠信。該新員工一開始即違背誠信原則,這是一種道德瑕疵。一旦你容忍該種瑕疵,則你內心之困擾將無從化解,這顯然不利於你與她爾後工作關係之推展。再說,一旦你周遭的同事獲悉實

況，他們勢必認定你循私包庇，這豈不是等於你以背信之手段來掩飾新員工的背信行為？

　　其次，既然一種職位被設定最低的學歷要求，任何違反這個要求的舉措，都是破壞制度。你身為主管可以帶頭破壞制度嗎？

　　基於以上之理由，儘快設法讓該新員工離職，才是最明智的舉措！

3-59

企業可以進用資格過高的應徵者嗎？

　　「資格過高的應徵者不宜僱用」是當前一般企業在徵聘員工時所遵循的準則。在此，所謂資格過高，係指應徵者過去的薪酬收入明顯地超過目前空缺職位所提供的薪酬，應徵者之教育程度明顯地超過目前空缺職位所要求的教育程度，以及應徵者之工作經驗明顯地超過目前空缺職位所需具備的工作經驗等三種情況。一般企業之所以不願意僱用資格過高的應徵者，主要是基於這樣的顧慮：資格過高的應徵者多半抱持「騎馬找馬」的工作態度，勢難長期留任。

　　無可否認地，在任何機構內資格過高的員工之流動率通常都很大。但是流動率大的這一個事實，並不足以構成拒絕聘僱該類員工的充分理由，因為他們如被善加借重，則可能對企業帶來莫大的益處。

　　請問：企業任用資格過高的應徵者之要領為何？

解 析

茲將企業徵聘資格過高的應徵者之十種要領陳述如下：

1. 徵聘者及應徵者雙方必須完全同意：應徵者之資格確實高過空缺職位所要求具備之資格。

2. 探詢並驗明應徵者願意屈就較低職位的真正原因。徵聘者應向應徵者之過往僱主查詢有關應徵者之資質、潛力及工作表現等資訊。

3. 徵聘者應根據企業之實際需要，確立一個要求資格過高的應徵者必須接納的最低服務期限，並取得應徵者對該種要求之承諾。這一項承諾是資格過高的應徵者為獲致空缺職位所必須支付的代價。

4. 企業當局同意將上一最低服務期限，視為該資格過高的應徵者在該空缺職位上之總服務期限。

5. 企業當局同意在上一最低服務期限屆滿之前，協助該資格過高的應徵者尋找企業內外較適合的工作機會。

6. 資格過高的應徵者必須同意，在他離職之前有義務訓練他的接班人。

7. 資格過高的應徵者必須同意，將他個人應徵其他職位的動向知會企業當局。

8. 倘若資格過高的應徵者能滿意地履行空缺職位所付託的工作，而且尚有多餘的時間可資利用，則企業當局

同意委任他從事較高層次的工作。除非這些工作變成長期性工作之一部分，否則它們並不提供額外的薪酬報償。

9. 為了避免企業內部的任何流言，資格過高的應徵者之僱用條件，必須公開地知會所有有關人士。

10. 企業當局應令資格過高的應徵者了解，以後該企業是否繼續僱用資格過高的應徵者，主要是視本次之僱用是否成功而定。換句話說，一旦當前資格過高的應徵者被僱用，但卻無法履行其承諾，則這一類僱用計畫極有可能被取消。將上一訊息知會資格過高的應徵者，可以產生兩種好處：第一、增強他的道義責任以利實現他的承諾；第二、令他不敢輕易接納空缺職位之提供，因為他會顧慮到一旦他無法履行承諾，則他在工作生涯中，將染上一個無法磨滅的汙點。

3-60

企業如何防止能力卓絕的
高階人才跳槽？

　　就任何企業來說，能力卓絕的高階人才是決定企業盛衰興亡的靈魂人物。因此，一般企業對他們之可能跳槽向來都不敢掉以輕心。無疑地，這是一種明智的態度。但遺憾的是，一般企業在防止其靈魂人物跳槽所能做到的，只限於儘量令本身所提供的有形待遇（諸如薪資、退休金、分紅入股、保險、房租津貼、假期、醫療服務、子女教育補助）及無形待遇（諸如晉升機會、權責範圍、組織氣候、企業形象、尊重程度）能與競爭對手所提供的待遇相抗衡，此外則似乎沒有任何積極作為可言。

　　請問：除了上述的有形待遇及無形待遇，企業還能做什麼以防止能力卓絕的高階人才跳槽？

解 析

　　歐美先進國家的一些企業，為防止其能力卓絕的高階人才跳槽，通常都採行底下的突破性措施：

1. 企業最高負責人每年一度地公然鼓勵每一位高階主管，接受「獵人頭公司」之徵聘面談。此種舉措之主要目的，在於令每一位高階主管了解：(1) 他在專業市場中的「身價」有多高；(2) 別的企業之高階主管如何遂行他在本企業內所遂行的工作；以及 (3) 在別的企業的類似工作對比之下，他對自身工作所發揮的績效，到底是偏低還是偏高。

2. 企業最高負責人詳細地分析與檢討，每一位高階主管在徵聘面談中所蒐集的資訊，以便確定他們之工作表現有哪一些要強於（或弱於）其他企業同一階層的主管之工作表現，以及本企業所提供之待遇是否高於（或低於）其他企業所提供之待遇。

3. 由以上分析與檢討，企業最高負責人可以協同有關之高階主管採行若干具體行動，諸如調整待遇、重新劃分工作、改善現有的管理體制等。倘若本企業所提供之條件與機會，遠不及外界企業所提供者，而且本企業在可見的未來，無法相應地改善條件或提供類似的機會時，則企業最高負責人可藉此與有關之高階主管，安排雙方皆屬有利的後者離職日期與離職條件。

以上之措施，乍看之下，難免被視為一種庸人自擾，甚或自毀長城的行徑，因此有理性的人將不致於煽動自己的得力部屬來背叛自己。但事實上，在訊息溝通與人際接觸幾乎已達無孔不入、無遠弗屆的今天，能力高強的高階主管早已成為各行各業爭相羅致的對象。因此，企業若不針對他們之跳槽採取防範措施，則可能會因他們之猝然離去而動搖根本。按「攻擊是最好的防禦」之策略所設計出來的上一防範措施，因具有三種潛在好處，所以值得我們考慮採行：（1）以坦誠與公開方式處理跳槽問題，可令企業免於關鍵性人物突然去職所帶來之窘境；（2）企業最高負責人所表現的開明作風，有助於士氣之維護；（3）當高階主管發現，自身之工作表現不及其他企業同一階層人士之工作表現時，他不但將力求改善，而且對企業之向心力也將隨之加強。

3-61

企業應如何處置長期不稱職的員工？

　　任何組織在任何時間都可能豢養一些長期不稱職的員工。這些員工雖然為數不多，但若令其逍遙存在，輕則足以導致組織資源之浪費，重則將打擊士氣，動搖組織根本。

　　面對這些長期不稱職的員工，管理者所能採行的處置方法不外乎底下七種：（1）實施心理輔導；（2）調遣；（3）架空；（4）降職；（5）要求提前退休；（6）示意自動辭職；以及（7）解僱。

　　請問：採行以上處置方法所應考慮的因素是什麼？

解析

　　企業用以處置長期不稱職員工的七種方法，大體上可按其輕重程度循序歸納為五類：（1）實施心理輔導；（2）調遣；（3）架空或降職；（4）要求提前退休或示意自動辭職；

以及（5）解僱。這五類處置方法之選擇，可以參酌管理學者 Lawrence L. Steinmetz 所主張的以下諸種因素：

1. 長期不稱職員工之服務年資——對服務年資愈長的員工之處分應愈輕微，這是因為：（1）年資愈長的員工對組織之適應力及向心力通常愈強；（2）組織對年資愈長的員工所擔負的道義責任愈大；（3）年資愈長的員工遭受嚴厲處分時對士氣之打擊愈大。

2. 長期不稱職員工以往之工作表現——在該員工變成長期不稱職之前，若有過優異之工作表現，則可酌情給予較輕之處分。

3. 長期不稱職員工所擁有之技能——該員工所擁有之技能若愈難找到替手，則愈應對他從輕發落。

4. 長期不稱職員工之曠職紀錄——曠職次數之多寡，可以反映員工對組織認同感之強弱，故對曠職次數愈少之員工，愈應採取輕度之處分。

5. 長期不稱職員工之工作態度——員工之工作態度很難予以客觀地衡量。不過一般認為，無法與主管和諧相處的工作態度並不良好，儘管不能和諧相處的原因是出自主管。

6. 長期不稱職員工之職位——一般組織常基於維護良好的公共關係之考慮，而對職位愈高的員工採行愈不嚴

屬的處分手段。

7. 長期不稱職員工的直屬上司之督導——直屬上司之督導方式，對員工之工作表現具有深遠之影響力。因此，在決定處置長期不稱職員工之際，該員工之直屬上司必須與其上司檢討自身督導方式之適切程度。

8. 組織對長期不稱職員工之投資——組織在處置長期不稱職員工之前，必須先衡量投資在該員工身上的金錢、時間與精力到底有多少。通常投資額愈大，則愈不輕易採行嚴屬之處分。

9. 處分之本身對長期不稱職員工所可能招致之後果——儘管員工接受處分後的處境，不應成為決定處分程度之依據，但實際上絕少管理者會完全漠視它。許多經驗性研究指出，多數遭到解僱的員工，長期之下不但在經濟收入方面較解僱前豐厚，而且在生活上也較解僱前快樂。這一點亦應列作處分員工之參考。

10. 處分長期不稱職員工之後對其他員工所可能產生之影響——長期不稱職員工之存在，不但導致其他員工工作上之困難，而且也造成士氣之低落。因此，在處分不稱職員工時，不能忽視這些不利的影響。

　　假如以上所提示的十種因素，樣樣都適用於特定的長期不稱職員工。那麼，在考慮對某員工採行處置方法之前，主

管須先就每一個有關的因素決定一個權數，以代表該因素之重要程度。例如，我們可用1、2、3、4等四個數字代表權數。倘若某一因素顯示，應對長期不稱職員工作有利之考慮，則按有利程度之大小，給予1、2、3、4中的一個適當權數（權數愈高者表示有利程度愈大）；但若某一因素顯示，應對長期不稱職員工作不利之考慮，則按其不利程度之大小，給予－1、－2、－3、－4中的一個適當權數（不利程度愈大者，其權數之絕對值愈大）。就每一個有關因素評定其權數後，將其權數予以累加，以求取總分。最後再將該總分與事先擬定的取捨標準比較，以決定處置方法。茲將某一長期不稱職員工每一因素之評價及取捨標準，舉例表列如下：

考慮因素*	權數
① 服務年資	－ 2
② 以往之工作表現	－ 4
③ 擁有之技能	＋ 1
④ 曠職紀錄	－ 4
⑤ 工作態度	－ 3
⑥ 職位	＋ 3
⑦ 直屬上司之督導	－ 3
⑧ 組織之投資	＋ 2
⑨ 對員工本身可能產生之影響	＋ 1
⑩ 對其他員工可能產生之影響	－ 4
總分	－ 13

取捨標準：

總分≧0，則實施心理輔導

0＞總分≧－4，則予以調遣

－4＞總分≧－8，則予以架空或降職

－8＞總分≧－12，則要求提前退休或示意自動辭職

總分＜－12，則予以解僱

★參閱 Lawrence L. Steinmetz, *Managing the Marginal and Unsatisfactory Performer*, Second Edition, Addison-Wesley Publishing Company Inc., 1985, PP.88～98.

上例顯示，對該特定的長期不稱職員工之處置方法應為
「解僱」。

解僱員工應注意之事項

倘若經過審慎之分析，長期不稱職的員工須被解僱，則
主管當局應儘早制定解僱決策，並與該員工舉行面談以下達
解僱命令。底下是管理學者對制定解僱決策，及下達解僱命
令的一些意見：

- 管理者應向組織內公正的第三者諮詢有關解僱決策之
  意見。該公正的第三者之職位，必須高到令其意見具
  有客觀性，其職位也必須低到令他真正了解構成解僱
  處分之背景。
- 應避免在組織發生危機或處於緊急狀態時制定解僱決
  策。不管解僱員工之理由多麼正當，或是員工多麼應
  該被解僱，在危機或緊急狀態下解僱員工，對士氣可
  能產生致命的打擊。
- 下定解僱決策後，不應祈求獲致被解僱者及其同情者
  之諒解，更不應期望獲得組織內所有員工之贊同。
- 不應為解僱之細節——諸如如何布置解僱面談之場
  所，或如何安慰被解僱者等——花費太多心思。
- 解僱命令之下達必須簡明扼要。命令下達之後，不應

該讓被解僱者懷疑本身是否被解僱。

- 解僱面談必須安排在工作天結束時舉行,最好是面談完了時其他員工均已離去。

- 主持解僱面談時,管理者必須備妥全部的有關資料,以便隨時提出證據,說明解僱原因。必要時可邀請人力資源部門(HR)之行家列席。

- 應提供機會給被解僱者,以從事申訴或質詢。這並不是說一定要令被解僱者擁有質疑解僱決策之權利,但提供申訴或質詢之機會,可使管理者對解僱決策之正確性作最後一次審查。

- 應告訴被解僱者,一旦他的新僱主要求提供有關他的資訊時,組織本身將採何種行動,或將對他做出什麼樣的評價。

- 管理者對解僱所引起的任何契約或法律問題,應事先做妥準備,並詳細告知被解僱者。這些問題包括最後一次的薪水給付方式、離職金的處理方式、未完成的工作之處理方式等。

- 解僱面談時所說的話應擇要列入紀錄。

- 管理者應技巧地讓被解僱者了解,他離職後對組織之若干祕密,仍有保密之道義責任。

3-62

突然在中年失業，怎麼辦？

　　我今年四十五歲，大學工業工程系畢業，在某家族式的製造公司擔任維護部經理職位，已累積十五年之專業經驗。最近，由於公司投資決策錯誤，外加股東之間糾紛不斷，公司遂決定終止營業。儘管我取得了應得的資遣費，但這一打擊非同小可。在四十五歲這一個不大不小的尷尬年齡，想再找工作以便重新出發，總是遭遇「高不成，低不就」之窘境。想自行創業，又欠缺資金與經驗。就算在未來一、兩年內不再有經濟收入，我也不擔心挨餓受凍，可是我不能就此遊手好閒，成為多年來我最鄙視的那種「米蟲」！面對突然在中年失業之困境，怎麼辦才好？

解析

　　公司購併、技術革新、權力鬥爭、產業外移、以及景氣

變動等因素，都有可能促使高職位的中年從業人員突然喪失工作。這是導致中年事業危機（Mid-career crisis）的重要原因之一。面對此種困境，我願意建議底下的八「不要」與四「要」給當事人：

- 「不要」恐慌，因為突然在中年失業並不等於面臨世界末日。

- 即令你沒有經濟壓力，也「不要」做過久的省思與觀望，因為一旦你繼續維持過去的生活水準，你很快就會坐吃山空。

- 「不要」急著接納第一份出現的工作，因為過分倉促的決策足以迫使你再度轉換工作。人們可以諒解中年事業危機所導致的轉業，但若轉業之次數太多，人們勢將認定你本身有問題。

- 「不要」等到你離職之際才開始尋覓工作。只要你在同一機構待過一段相當長的期間，你在離職前總會獲得幾個月的預告。請你務必善用這幾個月，積極另尋出路。

- 當你接受徵聘面談時，「不要」抱怨前一僱主之不是，這樣做只會傷害你自己。

- 「不要」拒絕接納比你前一份工作較少的報酬。獲得六十萬元年薪的工作，總是要好過已經無法再保有的

120萬元年薪的工作！

- 「不要」隱瞞你尋覓新工作的理由。倘若你被資遣，則告以被資遣，這沒有什麼好羞恥的，特別是當離職的理由不是你所能控制的時候。

- 「不要」假裝你並不殷切期盼獲致新職，我們多數人都基於實際需要而工作，所以不必諱言這種動機。

- 「要」做一番徹底的自我反省。審視自己的處境，並考量是否要轉換你的事業生涯。

- 「要」認知，你年紀愈大，你愈難獲致相當於或是高於你先前所擁有的職位的那種新職位。原因可能是：過去多年的調薪可能使你的薪資超越市場薪資水準；其次，你在同一家公司多年來所累積的知識與經驗，可能只跟該家公司有關，而無法完全轉移到別家公司或另一行業。

- 「要」對新觀念與變革採取開放的態度。一般機構之刻意迴避年長者，主要的原因之一，便是擔心年長者在觀念上與作為上趨於老化或僵化，這種顧慮是合乎情理的。

- 「要」將履歷表直接寄給機構中的決策者本人，決策者的職位愈高愈好。

3-63

跳槽之前應留意哪些事項？

　　我在目前的工作機構總共待了將近三年。平心而論，對於這個機構的薪資、福利、人群關係、就業安全、公司形象等，我不覺得有什麼可以挑剔。但是，我常常覺得工作本身的挑戰性不高，平時總是有一股施展不開的束縛感，我考慮改行轉業。最近機會出現了，有一家公司考慮提供一個中階主管的職位給我，她所開出的條件頗具吸引力，我正慎重考慮是否轉移陣地。請問我應該特別留意哪些事項？

解　析

　　就一位企圖心旺盛、上進心強烈的從業人員來說，跳槽是一件非常慎重的事。它應該是理性考慮的結果，而非感性的舉動。一般來說，只有底下兩種情境之一出現，才是跳槽的適當時機：第一、目前的工作機構已經無法提供給你進

一步發展的空間。第二、你對目前的機構已經沒有進一步潛在的貢獻可言。設若你目前正處於這兩種情境之中的任何一種，甚或同時處於這兩種情境之中，那麼我建議你在跳槽之前設法取得底下八種資訊：

第一、薪酬——儘管當前之薪酬並非首要的考慮因素，但是長期來看，你的薪酬卻是很重要的考慮因素。因此，你一定要設法了解整個薪酬結構的內涵與調薪政策。

第二、職銜——提供給你的職銜是否符合你自己的生涯目標？你能否要求一個更理想的職銜？徵聘的公司是否有其他職銜可供選擇？

第三、職務——徵聘的公司期望於你的日常工作是什麼？該公司所規劃的工作職掌或工作說明書，是否讓你覺得可以有一番傑出的表現？

第四、升遷——你是否需要等到有人退休、跳槽或死亡才能獲得升遷？

第五、公司的前景——徵聘的公司是處於成長中的產業？還是處於停滯的產業？

第六、組織氣候——徵聘的公司是否講求穩健而趨於保守？還是講求發展而趨於開明？你是否能在合理的時間內展露你的才華？

第七、衝突——你的理念、價值觀與個性，會不會與徵

聘的公司之經營手法產生嚴重衝突？

第八、評比——倘若你應聘，五年後你的狀況會不會比
你留在原機構更好？這是一個很難答覆的問題，
但是你不能不設法思索答案。

3-64

年紀大就萬事休嗎？

「年紀一大，幹勁自然就差了！」

「高齡的人總是偏向保守，要他們在觀念上有所突破，簡直是緣木求魚！」

「何必令年邁的員工接受訓練，這是吃力不討好的事！」

「在退休前幾年，員工總是想過太平日子，不求有功，但求無過。說得刻薄一點，他們只不過是坐以待『幣』！」

令人感到遺憾的是，在講求人力資源管理的今天，抱持這些見解的人比比皆是。令人更感遺憾的是，不少高齡的從業人士也居然自暴自棄地接納這些見解。

在此，我們不禁要問：一、年紀大就萬事休嗎？二、如何消除高齡員工之冗贅狀態？三、如何帶領年長資深員工？

解 析

一、年紀大就萬事休嗎？

對「年紀大就萬事休嗎？」這一個問題給與肯定答覆的人，所持的理由不外：年紀愈大者，其工作潛能及工作意願愈小，故其變成冗員的可能性愈高。這是一種似是而非的見解。我們且從三個角度予以商榷：

1. 不可否認地，一般機構皆供養著若干已處於冗贅狀態的高齡員工。這些員工之所以處於冗贅狀態，相信在相當大的程度內是由組織本身之政策所造成。一般組織因接納「冗贅是因年紀增長而起」的假設，遂將逾越某一年紀的員工劃入「冗贅群」，而不再施以培訓，更不再畀以重任，致使他們在失望之餘，除了力保其既得利益外，將不願意再有所作為。這些員工之表現「證實」了組織本身原先所接納之假設，遂使組織變本加厲地視高齡的員工如草芥。在這類組織裡，年輕的「準接班人」與年長的「準交棒人」之間的衝突，特別明顯與尖銳。這種衝突對士氣的打擊，不言可喻。

2. 固然一些研究發現，在從業人士畢生工作生涯之中，三十幾歲到四十來歲這一階段的工作績效最高，越過這個階段，工作績效將持續遞減（這類研究證實了「冗

贅因年紀增長而起」的假設）。但是另一些研究卻指出，從業人士工作績效之顛峰狀態是出現於五十幾歲到六十來歲（這類研究證實了國人所謂的「大器晚成」的見解）。此外，尚有一類研究則指出，從業人士一生之中擁有兩個工作績效之高峰，一個是出現於三十幾歲時，另一個則出現於五十幾歲時。儘管以上各類研究所依據的樣本之代表性難免有可疑之處，但綜合這些研究結果可推知：冗贅與年紀並無必然之關係。

3. 根據心理學家及社會學家之研究，冗贅之發生與從業人士之若干個人因素具有密切之關係。這些因素至少包括：(1) 智慧（它足以影響一個人對知識與技能的吸收能力與模仿能力）；(2) 興趣、需要、目標及上進心（它們足以影響一個人追求理想之激發力與鞭策力）；(3) 個性（它足以影響一個人對變動之適應力）。基於上述的個人差異，有人在未正式邁入事業生涯之前已顯露冗贅跡象，另一些人則即使到了高齡，仍能維持高度的工作效率與工作效能。

二、如何消除高齡員工之冗贅狀態？

以上之分析旨在強調，冗贅並不一定是因年邁而起。至於當前一般組織內高齡員工的冗贅狀態之消除，其最有效之方法莫過於採行「彈性退休制度」。根據該制度，實際的退

休年齡是取決於員工的冗贅程度，而不與固定的年齡掛鉤。例如就一位距離傳統退休年齡（譬如說60歲）甚遠，但卻處於冗贅狀態的員工（譬如說50歲）而言，他應在充分的心理輔導、就業輔導、與適度的經濟補償下被鼓勵退休。至於超過傳統退休年齡甚多的員工（譬如說70歲），只要他能維持一定的工作績效，則應持續被重用。這種制度之推行，雖然足以加重人事作業上之負擔，但其潛在好處——加速冗員之新陳代謝，以及促使年長而富工作績效者得以充分發揮潛能——將令該項負擔顯得微不足道。

三、如何帶領年長資深員工？

顯而易見地，年長資深員工具有下列之缺點：

- 反應及動作較慢
- 體力及視力較弱
- 較易產生倦怠感、無助感，甚至焦慮
- 倚老賣老
- 對變革之抗拒較大
- 為年輕及資淺的員工提供壞榜樣

年長資深員工具有下列之優點：

- 較少出意外
- 平均出勤率較高
- 較善於判斷
- 較具忠心
- 技巧較精湛

不論一家公司的實際退休年齡是取決於員工的冗贅程度，或是取決於固定的年齡，最有助於帶領年長資深員工的舉措為：

- 尊重他們
- 切忌以雙重標準對待他們及其他員工
- 借重他們的經驗與技巧，以培植其他員工
- 鼓勵他們繼續追求個人成長
- 指派專案工作給他們

3-65

如何主持員工之離職面談？

　　員工可能基於本身之意願而離職，也可能基於組織之要求而離職。因此，為員工離職而舉行的面談，可以分為自願離職面談與非自願離職面談兩類。這兩類離職面談，在大型組織裡多交由受過專業訓練的幕僚人員主持，因此離職者之直屬上司只須負責資訊之提供，而無須參與面談。一般中小型組織因限於人力與財力，故一切有關離職面談之事宜，均委之於離職者之直屬上司躬親處理，而無法假手他人。

　　請問：應如何主持員工之離職面談，以便讓離職員工及組織都能同蒙其利？

解析

一、自願離職面談

　　從組織之立場而言，舉行自願離職面談有助於以下兩種

目的之達成：（1）將離職有關的例行性事宜知會離職者——例如最後一次薪資的給付方式、未使用的假期之享用方式、其他權益或責任的處理方式等；以及（2）探尋離職的原因——倘若員工離職之真正原因可以確定，則不但可據而推測員工之流動率，也可據而檢討組織本身在經營管理上的利弊得失。

在主持自願離職面談之初，為打破尷尬之場面與沉重之氣氛，面談主持者最好先將離職有關之例行性事宜知會離職者。透過這個階段，面談主持者可由離職者之反應洞察其情緒與態度。例如，離職者所顯現的是意氣風發之態度，這可能表示他相信離職之後可獲致較美好的機會。又如離職者所顯現的是莫可奈何之態度，這可能表示他對組織有所不滿。

面談主持者應把握這個階段透視離職者之心態，以作為探尋離職原因之依據。倘若面談主持者在這個階段裡只是機械式地傳遞訊息，而不用心揣摩離職者之態度，將白白地令顯示離職動機的跡象溜走。

許多不富經驗的面談主持者都有一種錯覺，以為離職者一旦擺脫了僱傭關係，他將肆無忌憚地將心中的一切都「抖出來」。可是，事實並非如此。大多數的離職者，在離職面談之際，均小心翼翼地防護自己，特別是在直屬上司面前更是如此（基於這個道理，許多組織均試圖以地位較為超然的幕僚人員主持離職面談）。任何明智的離職者大概都不致於

為逞一時之快，而說出可能對自己不利的事物，特別是在這些事物即將成為過去之時。每一位離職者均了解，長期來說他可能仍有求於昔日的上司或組織。

許多經驗性研究都證實，一般離職者頗不願意洩漏離職的真正意圖，因此離職者在離職面談所列舉的離職原因，大多數是組織所無法控制的（諸如「另一份工作不必經常出差」、「新公司之地點較近居住地，可免舟車之苦」等），但離職之後一段期間所列舉的離職原因，則往往是組織所能控制的（諸如「管理不善」、「待遇菲薄」、「無晉升機會」等）。

探尋離職者真正的離職原因固然困難重重，但絕非不可能。只要面談主持者能事先做好準備，表現坦誠之態度，以及運用敏銳之觸角，則不難獲悉若干實情。

為探索員工離職之真正原因，面談主持者首先需要了解員工對工作環境是否滿意。為了獲致這方面之資訊，面談主持者在面談之前，必須備妥一份有關工作環境之問卷表或核對表，內容可考慮包括下列各項：

- 您的工作是否具有足夠的挑戰性？
- 您認為薪酬待遇是否合理？
- 組織所提供給您的訓練有用嗎？
- 您對所隸屬的部門以及組織之政策經常都有所了解嗎？

‧ 您覺得在本組織內能否經常自由發表意見，甚至提出建設性之批評？該等意見或批評如確有價值，則它們是否被採納？

‧ 您認為本組織對員工參與外界之講習或會議之規定，是否需要改進？

‧ 您認為升遷制度合理嗎？

‧ 您認為考核方式公允嗎？

‧ 指派給您的工作過多或過少？

‧ 指派給您的例行性工作太多嗎？

　　面談主持者將離職有關的例行性事宜知會離職者之後，可再借助上列各個問題去了解他對工作環境的看法。該等問題都是他熟悉的，所以在措辭方面非常容易。面談主持者此時應注意傾聽，因為從離職者所回答的或所不回答的話語之中，可以推斷他對工作環境是否滿意。

　　了解離職者對工作環境的看法之後，緊接著便是請他對組織提出改進的建議。此時面談主持者之態度與語氣，應顯示對離職者的協助之感激。在這個階段裡，面談主持者所提出的問題，主要是令離職者能滔滔不絕地談話，以及令他的話題不致脫離提供意見之方向。這即是說，面談主持者應儘量少說多聽，有時不說話反而要比說話更好，因為此時之沉默不但表示對對方之尊重，而且也表示希望知道更多。面

談主持者在這個時候的處境，好像掘寶者一樣，不輕易放棄任何線索。離職者無意中的一句話，或對過去工作瑣事之評論，都可能極具價值。當然離職者正面提出的建議，極可能是他最感困擾或最不滿意之事。綜合離職者對工作環境之態度與對組織之建議，面談主持者當能推測得到，導致他自動離職之可能原因。

在此必須附帶提及的是，一旦員工請辭，則儘量不要藉離職面談說服他留下，或是藉加薪或晉升賄賂他，以令他改變初衷。當員工提出辭呈之際，他很可能已接洽好另一份工作，就算以賄賂手段勉強令他留下，他可能只留到另一份較好的工作出現為止。

二、非自願離職面談

導致員工非自願離職之主要原因有三：（1）組織經營策略之改變，致使員工之精簡或資遣成為必要之舉措；（2）員工嚴重之過錯；以及（3）員工長期不稱職。不管原因為何，當管理者為「下逐客令」而主持非自願離職面談時，通常均感到極不自在，甚至感到厭惡。這種心情是可以理解的。但是基於底下三種理由，此種面談有其必要：（1）與離職有關的例行性事宜必須轉達離職者；（2）離職面談可給予離職者表白立場之機會以維護其尊嚴；以及（3）離職面談可為離職者提供必要的心理輔導。倘若非自願離職面談主持得好，則

它對組織及離職者均能產生正面而有益的結果。

　　非自願離職面談可按以下之步驟進行：首先，面談主持者必須冷靜地以清楚而精簡的話語，傳達解聘之旨意及解聘之理由。對受解聘者而言，不論這是意料中的事還是出乎意料之外的事，他的第一個反應通常均含相當程度的抗拒。因此，他可能要求進一步解釋解聘之理由。此時，面談主持者可以再重述先前所提及的理由，但不必作細部的解說，因為在這個時候「細數罪狀」不但於事無補，反而會進一步觸怒被解聘者。

　　其次，面談主持者應讓被解聘者為自己辯護。在多數情況下，被解聘者不會介意再度談論自己的事，也不再期待組織改變解聘之初衷。此時他為自己或對組織提出譴責，主要用意在於維護自身之尊嚴。面談主持者切忌在這個時候與他爭辯，而應專心聆聽他的話語。在這一階段內，面談主持者所應關心的是與解聘有關的資訊之真確性（這些資訊在舉行面談之前，不但已準備妥當，而且其真確性已被鑑定），除非被解聘者能提供新資訊以推翻原來之決定，否則面談主持者並沒有什麼好談的。

　　最後，面談主持者應將話題轉入「善後措施」。在這一階段內，除了應將離職有關的例行性事宜知會離職者外，仍可視實際情況而給予必要的心理輔導。雖然此時離職者可能沒有心情接納它，但遲早他會領悟到它的益處，並虛心接納

它。許多非自願離職者均指稱，為他們傳達解聘旨意的面談主持者所給予的輔導，是他們邁向成功的轉捩點。

被解聘者在離職面談之際往往會詢及，將來他向其他組織申請職位時，如其他組織要求本組織提供有關他的資訊，本組織將會採取什麼樣的舉措。面談主持者不應迴避這個問題，因為被解聘者有權知道。面談主持者只要給予類似這樣的答覆即已足夠：「您知道您何以會遭到解聘。固然我們不願傷害您的前程，可是一旦人家問起我們，如不將解聘之處分據實以告，則顯然是不對的。不過有關您被解聘之內情，這是我們之間的私事，我們絕不會透露以免妨害您的名譽。」千萬不能告訴他，一旦有人問起他的事則什麼都不說，或是昧著良心告訴他，將來會給他良好的評語。

主持非自願離職面談，遠比主持自願離職面談更加困難。管理學者曾為非自願離職面談之主持者提出了六個誡律，茲臚列如下：

1. 不要失去本身情緒上的平衡與冷靜。
2. 不要對被解聘者說，解聘他是為他好。
3. 不要對被解聘者說，時間可醫治他的創傷。
4. 不要對被解聘者說，找尋另一份工作會對他更有利。
5. 不要對被解聘者說，你自己也想辭職不幹。
6. 不要對被解聘者說，你的上司對他的觀感與你對他的

觀感沒有兩樣。

三、主持離職面談應注意之事項

以上係針對主持自願離職面談及主持非自願離職面談之要領，分別作出簡介。茲再就主持這兩類離職面談所需共同注意之事項提示如下：

1. 細心準備——在面談之前必須審視離職者之基本資訊，包括年紀、婚姻狀況、住址、工作紀錄、加入本組織前之履歷、教育程度、健康情況等。這些資訊都可能提供離職之線索，例如他的住址可能距工作場所太遠，他的教育程度可能超過職務上之要求，他的健康狀態可能成為他履行工作之障礙等。

2. 選擇時機——離職面談最好是在離職前一、兩天舉行，同時面談的結束時間最好是與下班時間相符。

3. 隱私權之維護——面談之場所必須隱蔽而且不受干擾。

4. 運用技巧——離職者若顯示不願涉及某一問題，則千萬不要碰它，因為此時他沒有義務提供資訊。面談主持者須謹記的是，絕對不能觸怒離職者。離職面談的目的之一，在於令離職者對組織保有良好的印象。

5. 切忌談論同仁之隱私或作人身攻擊——有些離職者喜歡在離職面談之際，揭發同事之隱私或對同事進行人

身攻擊，面談主持者應適時予以制止。離職面談應在「對事不對人」的原則下舉行。

6. 不要過於重視離職者所揭發的聳人聽聞的事物——有些離職者會故意揭發聳人聽聞的事物，作為發洩他對組織不滿的手段。此時面談主持者應避免動容或作進一步之探尋。即令他所揭發的事物值得作進一步之調查，也要留待離職面談之後再予處理。

7. 避免拖泥帶水——當面談雙方已對對方提供了所願提供的資訊時，面談主持者應立即結束面談，並預祝離職者在另一份工作上順利愉快。

8. 保持完整之紀錄——離職面談之後，面談主持者應即刻評鑑離職者所提供之資訊，並將資訊之評鑑結果列入紀錄，以供未來參考之用。

參考文獻

1. William Wachs, *Managerial Situations And How To Handle Them*, Parker Publishing Company, Inc. 1976.

2. John J. McCarthy, *Why Managers Fail...And What To Do About It.*, McGraw-Hill Publications Company, 1978.

3. Jack Horn, *Manager's Factomatic*, Prentice-Hall, Inc., 1978.

4. Phillip L. Hunsaker & Anthony J. Alessandra, *The Art of Managing People*, Prentice-Hall, Inc., 1980.

5. John F. Lorentzen, *The Manager's Personnel Problem Solver*, Prentice-Hall, Inc., 1980.

6. Peter Honey, *Solving People-Problems*, McGraw-Hill Book Company (UK) Limited, 1980.

7. William P. Anthony, *Managing Incompetence*, AMACOM, 1981.

8. Bernard L. Rosenbaum, Ed. D., *How To Motivate Today's Workers*, McGraw-Hill Book Company, 1982.

9. William A. Delaney, *The 30 Most Common Problems In Management And How To Solve Them*, AMACOM, 1982.

10. W. H. Weiss, *The Supervisor's Problem Solver*, AMACOM, 1982.

11. Edward Roseman, *Managing The Problem Employee*, AMACOM, 1982.

12. Craig S. Rice, *Your Team of Tigers: Getting Good People And Keeping Them*, AMACOM, 1982.

13. Robert F. Mager & Peter Pipe, *Analyzing Performance Problems*, Second Edition, Pitman Learning, Inc., 1984.

14. Alexander Hamilton Institute, *The Manager's Sourcebook: Motivating The Difficult Employee*, 1984.

15. Sheila May, *Case Studies In Business*, Pitman, 1984.

16. John L. Beckley, *Working With People*, The Economics Press, Inc., 1985.

17. Edited By Bill Braddick, *Nature of Management: Case Studies*, The Institute of Bankers, 1985.

18. Lawrence L. Steinmetz, *Managing The Marginal And Unsatisfactory Performer*, Second Edition, Addison-Wesley Publishing Company Inc., 1985.

19. Robert Kent, *Managing People: 25 Steps To Improving Employee Performance*, Sidgwich & Jackson, 1986.

20. James O. McDonald, *Management Without Tears*,

Sphere Reference, 1987.

21. V. Clayton Sherman, *From Losers To Winner: How To Manage Problem Employees And What To Do If You Can't*, Revised Edition, AMACOM, 1987.

22. Thomas L. Quick, *Quick Solutions: 500 People Problems Managers Face And How To Solve Them*, John Wiley & Sons, 1987.

23. Ferdinand F. Fournies, *Why Employees Don't Do What They're Supposed To Do And What To Do About It*, Liberty House, 1988.

24. Trish Nicholson, *Dear Boss...52 Ways To Develop Your Staff*, Mercury, 1988.

25. Quentin de la Bedoyere, *Managing People And Problems*, Gower, 1988.

26. John M. Champion & John H. James, *Critical Incidents In Management*, Six Edition, Richard D. Irwin, Inc., 1989.

27. Pat Nickerson, *Nickerson's Four-Star Management Workshop*, Prentice Hall, 1989.

28. Jack Horn, *Executive's Factomatic*, Prentice-Hall Inc., 1990.

29. Fred E. Jandt, *The Manager's Problem Solver*, Scott,

Foresman And Company, 1990.

30. Roberta Cava, *Difficult People*, Key Porter Books, 1990.

31. Helga Drummond, *Managing Difficult Staff*, Kogan Page, 1990.

32. George Fuller, *Supervisor's Portable Answer Book*, Prentice Hall, 1990.

33. William A. Cohen, *The Art Of The Leader*, Prentice Hall, 1990.

34. Adam Radzik & Sharon Emek, *Answers For Managers*, AMACOM, 1990.

35. Brad Lee Thompson, *Concise Handbook For New Managers*, Scott, Foresman And Company, 1990.

36. Willia M. Bruce, *Problem Employee Management*, Quorum Books, 1990.

37. Noreen Hale, *The Older Worker*, Jossey-Bass Publishers, 1990.

38. Muriel Solomon, *Working With Difficult People*, Prentice Hall, 1990.

39. Clay Carr And Mary Fletcher, *The Manager's Troubleshooter*, Prentice Hall, 1990.

40. William Ury, *Getting Past No: Negotiating With*

Difficult People, Bantam Books, 1991.

41. Arthur H. Bell And Dayle M. Smith, *Winning With Difficult People*, Barron's, 1991.

42. Dr. Peter Wylie & Dr. Mardy Grothe, *Problem Employees: How To Improve Their Performance*, 2nd Edition, Upstart Publishing Company, Inc., 1991.

43. Roger E. Herman, *Keeping Good People*, McGraw-Hill, Inc., 1991.

44. Robert E. Kelley, *The Power of Followership*, Double-day Currency, 1992.

45. James K. VanFleet, *21 Days To Unlimited Power With People,* Prentice Hall, 1992.

46. Alexander Hamilton Institute, *The Employee Troubleshooter: A Manager's Guide to Solving Employee Problems*, 1994.

47. Dr. Brinkman & Dr. Rick Kirschner, *Dealing With People You Can't Stand*, McGraw-Hill. Inc., 1994.

48. Aubrey C. Daniels, *Bringing Out The Best In People*, McGraw-Hill, Inc., 1994.

49. Arthur R. Pell, *The Supervisor's Infobank*, McGraw-Hill, Inc., 1994.

50. Carol Orsborn, *How Would Confucius Ask For A*

Raise? Enlightened Solutions For Tough Business Problems, William Morrow And Company, Inc., 1994.

51. Cy Charney, *The Manager's Tool Kit: Practical Tips For Tackling 100 On-The-Job Problems*, AMACOM, 1995.

52. James K. Van Fleet, *Lifetime Guide To Success With People*, Prentice Hall, 1995.

53. Marilyn Wheeler, *Problem People At Work*, St. Martin's Griffin, 1995.

54. Brandon Toropor, *The Art & Skill Of Dealing With People*, Prentice Hall, 1997.

55. Alan Axelrod And Jim Holtje, *201 Ways To Deal With Difficult People*, McGraw-Hill, 1997.

56. Paul Falcone, *The Hiring And Firing Question And Answer Book*, AMACOM, 2002.

57. 鄧東濱編著,《人力管理》,長河出版社,1993。

58. 鄧東濱編著,《問題與回應:管理個案解析》,長河出版社,1996。

59. 列御寇(春秋),《列子》。

60. 呂不韋(戰國),《呂氏春秋》。

61. 韓非(戰國),《韓非子》。

62. 劉安及其賓客(西漢),《淮南子》。

63. 劉向（西漢），《說苑》。

64. 班固（東漢），《漢書》。

65. 劉義慶（南北朝），《世說新語》。

66. 柳宗元（唐），《柳河東集》。

67. 韋絢（唐），《劉賓客嘉話錄》。

68. 陳鴻墀（清），《全唐文紀事》。

國家圖書館出版品預行編目 (CIP) 數據

員工問題之診斷與處理 / 鄧東濱編著 . -- 初版 . -- 臺北市：布克
文化出版事業部出版：英屬蓋曼群島商家庭傳媒股份有限公司城
邦分公司發行 , 2024.11
　面；　公分
ISBN 978-626-7518-56-4（平裝）

1.CST: 企業領導 2.CST: 組織管理 3.CST: 個案研究

494.2   113016923

員工問題之診斷與處理

作　　　者／鄧東濱
繪　　　圖／鄧韻倫
封 面 設 計／柯俊仰
內 頁 排 版／無私設計 洪偉傑
責 任 編 輯／Angel Chu
企 畫 選 書 人／賈俊國

總　編　輯／賈俊國
副 總 編 輯／蘇士尹
編　　　輯／黃欣
行 銷 企 畫／張莉滎、蕭羽猜、溫于閎

發　行　人／何飛鵬
法 律 顧 問／元禾法律事務所王子文律師
出　　　版／布克文化出版事業部
　　　　　　115 台北市南港區昆陽街 16 號 4 樓
　　　　　　電話：(02)2500-7008　傳真：(02) 2500-7579
　　　　　　Email：sbooker.service@cite.com.tw
發　　　行／英屬蓋曼群島商家庭傳媒股份有限公司城邦分公司
　　　　　　115 台北市南港區昆陽街 16 號 8 樓
　　　　　　書虫客服服務專線：(02) 2500-7718；2500-7719
　　　　　　24 小時傳真專線：(02) 2500-1990；2500-1991
　　　　　　劃撥帳號：19863813；戶名：書虫股份有限公司
　　　　　　讀者服務信箱：service@readingclub.com.tw
香港發行所／城邦 (香港) 出版集團有限公司
　　　　　　香港九龍土瓜灣土瓜灣道 86 號順聯工業大廈 6 樓 A 室
　　　　　　電話：+852-2508-6231　傳真：+852-2578-9337
　　　　　　Email：hkcite@biznetvigator.com
馬新發行所／城邦 (馬新) 出版集團 Cite(M) Sdn.Bhd.
　　　　　　41，Jalan Radin Anum, Bandar Baru Sri Petaling,
　　　　　　57000 Kuala Lumpur, Malaysia
　　　　　　電話：+603-9056-3833 傳真：+603-9057-6622
　　　　　　Email：services@cite.my
印　　　刷／卡樂彩色製版印刷有限公司
初　　　版／2024 年 11 月
定　　　價／450 元
I S B N／978-626-7518-56-4
E I S B N／9786267518656 (EPUB)

城邦讀書花園　布克文化
www.cite.com.tw　www.sbooker.com.tw